中原工学院学术专著出版基金资助

赤泥磷酸镁水泥及其修补砂浆结构与性能研究

刘俊霞　张茂亮　著

U0235824

黄河水利出版社
·郑　州·

内 容 提 要

本书系统地介绍了赤泥磷酸镁水泥和磷酸镁修补砂浆的物理力学性能、水化过程、耐水性和微观结构及体积稳定性。通过 XRD、SEM 和水化热力学分析揭示了酸式磷酸盐预处理赤泥对磷酸镁水泥水化硬化过程、水化产物组成和形貌的影响机制,明晰了磷酸镁修补砂浆流动性、凝结时间、水化热、力学性能、耐水性、界面弯拉强度随预处理赤泥取代量的变化规律,制备出满足《磷酸镁修补砂浆》(CJC/T 2537—2019)性能要求的赤泥磷酸镁修补砂浆。

本书可供低碳建筑材料和土木工程领域的研究人员、工程技术人员以及高等院校相关专业师生参考使用。

图书在版编目(CIP)数据

赤泥磷酸镁水泥及其修补砂浆结构与性能研究/刘俊霞,张茂亮著. —郑州:黄河水利出版社,2023.6
ISBN 978-7-5509-3614-0

Ⅰ. ①赤… Ⅱ. ①刘…②张… Ⅲ. ①赤泥–影响–水泥–研究②赤泥–影响–砂浆–研究 Ⅳ. ①TQ172.7 ②TQ177.6

中国国家版本馆 CIP 数据核字(2023)第 120843 号

策划编辑 贾会珍 电话:0371-66028027 E-mail:110885539@qq.com

责任编辑	岳晓娟	责任校对	张彩霞
封面设计	黄瑞宁	责任监制	常红昕

出版发行 黄河水利出版社
　　　　　地址:河南省郑州市顺河路 49 号　邮政编码:450003
　　　　　网址:www.yrcp.com E-mail:hhslcbs@126.com
　　　　　发行部电话:0371-66020550
承印单位 河南新华印刷集团有限公司
开　　本 787 mm×1 092 mm　1/16
印　　张 8.5
字　　数 200 千字
版次印次 2023 年 6 月第 1 版　　　2023 年 6 月第 1 次印刷
定　　价 65.00 元

前　言

　　混凝土是典型的脆性材料,在不同温度环境、侵蚀条件和外部荷载的作用下易产生微细裂纹,大多数混凝土结构是带裂工作的,严寒环境中损伤部位缺陷的产生和扩展明显加快。为了保证高速公路、桥梁与隧道、轨道交通、风电工程等基础设施的正常运维和使用寿命,混凝土结构产生缺陷后须及时控制损伤和修复。磷酸镁水泥(MPC)及其修补砂浆的研究和应用为实现在役结构的快速修复提供了一种新的技术途径。MPC 水化的实质是酸碱中和反应,MPC 及其修补砂浆具有早强快硬、高水化热、低膨胀及界面黏结强度高的特性,主要用于道路、机场跑道、桥梁和隧道等工程的紧急修复,但其水化热高和成本高的问题制约了其推广与应用。矿物掺合料的掺入能够改变 MPC 的水化过程和水化产物,降低 MPC 的水化温度和水化热,从而改善其力学性能、耐水性和经济性。

　　赤泥是铝土矿中提炼 Al_2O_3 后排出的工业固体废物,具有较强的碱性致使其利用率较低。为了保证 MPC 及其修补砂浆的物理力学性能,本书通过酸式磷酸盐预处理赤泥以改善其反应活性,并以预处理赤泥部分取代重烧 MgO 和酸式磷酸盐,制备出赤泥 MPC 及其修补砂浆。本书研究了赤泥掺量对 MPC 及其修补砂浆流动性、凝结时间、水化热、力学性能、耐水性、界面弯拉强度和体积稳定性的影响规律。通过 XRD、SEM 和水化热力学分析赤泥掺量变化对 MPC 的水化硬化过程和水化产物组成、形貌的影响,阐明了 MPC 物理力学性能的演化机制。进一步以赤泥 MPC 为胶凝材料制备出满足《磷酸镁修补砂浆》(JC/T 2537—2049)性能要求的快硬型修补砂浆,明晰了原材料组成、水胶比、砂胶比、细骨料类型、养护温度及聚合物纤维等对其水化产物、硬化机制、微观结构、物理力学性能的影响规律,阐释了赤泥 MPC 修补砂浆耐水性和界面弯拉强度的改性机制,为推进其工程应用提供基础数据。

　　本书由刘俊霞、张茂亮共同撰写。其中,第 1~6 章、第 8 章、第 9 章由刘俊霞撰写,第 7 章由张茂亮撰写。全书由刘俊霞统稿。

　　由于作者水平有限,书中难免存在不妥之处,恳请读者批评指正。

作　者
2023 年 3 月

目　　录

第 1 章　绪　论

1.1　研究背景和意义

随着我国经济的快速增长,基础设施建设也在快速发展,房屋建筑每年新增数亿平方米,公路每年新增数万千米,水泥作为建筑行业中最常用的建筑材料,其产量和使用量将会继续增长。但由于水泥"两磨一烧"的制备工艺耗能高且污染环境,每生产 1 t 水泥将耗电 90 kW·h 左右,消耗煤 110 kg 左右,并排放 CO_2 温室气体 $0.4 \sim 0.9$ t,同时还会产生酸雨和有毒致癌物。此外,石灰石等不可再生资源是生产水泥熟料的原材料,而我国可供开采的石灰石总量占总储存量的 56%,可用来生产水泥熟料的石灰石量更少。按照当前建筑行业的发展速度,石灰石的储存量及开采年限满足不了水泥熟料的需求量,因此解决资源环境与建筑行业发展之间矛盾的主要方法就是提高资源利用率、降低环境污染。可采取的主要措施具体包括改造、升级水泥生产厂的设备和生产技术,以及提高工业废渣、粉煤灰等矿物掺合料作为混合材在胶凝材料中的掺量,即调整水泥品种结构;另外的途径为,找到一种可以在特定环境下代替硅酸盐水泥的新型胶凝材料。

混凝土在长时间的服役中,由于老化、病害、自然灾害等因素,往往会造成部分损伤或结构破坏,因此利用快速修复材料对其进行修复,是实现低碳环保和高效率的最佳方法[1]。快速修补材料须有良好的力学性能、黏结性能,目的是保护新旧材料界面不受外力破坏。硫(铁)铝酸盐水泥系列具有早期强度高的特点,广泛应用于抢修抢建工程、预制构件等,但由于其快凝快硬引发热裂、耐碳化性能差,被大多数企业否定和摒弃。MPC修补砂浆是一种将 MPC、细骨料、缓凝剂等按照适当配合比配制而成的快速修补砂浆,称作 MPC 修补砂浆。与传统快速修补砂浆相比,MPC 修补砂浆具有良好的力学性能、耐化学腐蚀性和钢筋防锈能力,以及与旧混凝土间的兼容性外[2],MPC 会向硅酸盐水泥基体中发生渗透,硅酸盐水泥表面的 $Ca(OH)_2$ 可能参与了 MPC 的水化,生成无定形态的水化产物,新旧水泥间形成了化学键黏结,提高了黏结效果[3]。尤其在低温施工、早期强度和养护环境等方面有无法比拟的优越性。

磷酸铵镁水泥(MAPC)是由磷酸二氢铵($NH_4H_2PO_4$, ADP)、重烧氧化镁(MgO)和缓凝剂组成的一种高性能胶凝材料,具有凝结硬化快,早期强度高、抗冻性、耐热性好及黏结性能良好等优点[4]。但由于 ADP 中 NH_4^+ 的存在,在 MAPC 水化过程中会产生具有一定增塑性的 NH_3,若控制不好将会大量释放到空气中,影响自然环境。为了避免产生污染风险,较多学者采用磷酸二氢钾(KH_2PO_4, PDP)代替 ADP 制备磷酸钾镁水泥(MKPC),MAPC 和 MKPC 各自的水化产物 $NH_4MgPO_4 \cdot 6H_2O$ 和 $KMgPO_4 \cdot 6H_2O$(鸟粪石)具有相似的结构,二者的性能十分接近[5],统称为磷酸镁水泥(MPC)。MPC 不仅具有优异的力学性能,而且制备工艺简单,不需要烧制过程、生产设备和生产线,因此国内外相关学者展开了大量研究,并取得了可喜的研究成果。但是由于其价格昂贵、脆性较大、耐水性较差等问题,通常使用矿物掺合料取代水泥进行改性。

赤泥是从铝土矿中提炼 Al_2O_3 后排出的废弃物,提取 1 t 的 Al_2O_3 的同时伴随 1~2 t 的赤泥产出,并且赤泥的产量在未来还会持续增加,而其利用率仅为 15% 左右,目前并未发现有效处理赤泥、利用赤泥的方法[6]。露天筑坝、露天堆放这两种方式是当前赤泥处置的主要方法,这两种处置方式严重污染了自然环境,包括空气、水质、土壤等,同时占用了大量的土地资源,并且赤泥长期的堆积成为土壤环境的安全隐患。如何既环保又经济地处置赤泥堆存问题引起了国内外大量学者与研究者的关注,是亟待解决的问题,赤泥堆场见图 1-1。

图 1-1　赤泥堆场

目前,MPC 的改性研究主要集中在矿物掺合料和纤维两个方面[7-8]。矿物掺合料通过填充效应和火山灰效应改善 MPC 的耐水性和耐腐蚀性,并能够大幅降低 MPC 的成本;纤维则通过宏观地增强阻裂作用改善 MPC 的抗压强度、抗折强度、体积稳定性和变形性能。其中,矿物掺合料不仅影响了 MPC 的宏观性能,而且改变了 MPC 的水化过程、水化产物和微观结构及其拌和物的水化热。赵晓航[9]研究表明,掺入丁-苯共聚物乳液聚合物会影响 MPC 修补砂浆的凝结时间和流动性,另外,可以显著改善 MPC 修补砂浆的延展性、柔韧性,虽然抗压强度有所降低,但是抗折强度得到了提升。2016 年,杨全兵等[10]研究发现当粉煤灰掺量小于 20% 时,MPC 修补砂浆 7 d 后的黏结抗折强度和 1 d 后的黏结拉伸强度均高于硅酸盐水泥砂浆基体。2018 年,丁铸等[11]制备出凝结时间、流动性等工作性能适宜锚固要求的 MPC 修补砂浆,发现其具有良好的植筋锚固性能。在 MPC 修补砂浆中掺入矿物掺合料既可以改善其工作性、力学性能等宏观性能,又可以改变水化过程及水化产物等微观结构[12-14]。

综上所述,将赤泥作为矿物掺合料掺入 MPC,系统地研究赤泥 MPC 的水化机制、微观结构和宏观物理力学性能,一方面可利用赤泥火山灰活性和填充作用降低水泥的孔隙率,改善其凝结时间、力学性能、耐水性、水化热等性能;另一方面可消纳大量堆存的赤泥,提高 MPC 的经济性,实现赤泥的高附加值利用。同时,通过调整赤泥掺量、水胶比、砂胶比和细骨料种类在不同养护条件下制备出流动性、凝结时间和强度等物理力学性能均满足试验研究要求的基准 MPC 修补砂浆。通过毛细孔隙率、毛细吸收系数和 28 d 吸水率探索了赤泥 MPC 修补砂浆基体的水分传输特性,阐明力学性能和耐水性随配合比变化的机制。通过调整养护温度明晰赤泥 MPC 修补砂浆物理力学随环境温度的影响规律,特别是得出零度和负温环境中 MPC 修补砂浆的凝结硬化特征,为严寒环境下建筑结构的紧急修复提供了基础数据。进一步掺入聚合物纤维措施改善赤泥 MPC 修补砂浆的抗折强度、界面弯拉强度及体积稳定性,阐释聚合物纤维种类、掺量和形状特征对赤泥 MPC 的影响机制。因此,赤泥 MPC 及其修补砂浆的研制,能够有效降低 MPC 修补砂浆的水化热和生产成本,并为赤泥的资源化利用提供新的高附加值利用途径,为拓展 MPC 的应用范围作出基础研究。

1.2 国内外研究现状

1.2.1 氧化铝赤泥研究与应用现状

在氧化铝的生产过程中会排放大量的高碱性废弃物赤泥,目前我国堆积的赤泥量多,且增长速度快[15]。赤泥的组成成分中,高碱性物质含量占比高并且难以脱除,同时还含有其他杂质,所以实现赤泥无害化、绿色资源化,对于建材及环境保护都是十分必要的。目前,赤泥的利用率较低,仅为 15% 左右,赤泥的回收利用大部分归类于新型功能材料的制备,例如制备吸附剂、水泥、砖、路基材料及陶瓷等方面。赤泥废弃物大量外排会导致重金属污染,并严重破坏生态环境。为了解决此类环境问题,可采取多种不同技术处理手段,其中固化重金属技术是主要技术方法[16-18]。目前,MPC 主要应用于路、桥等民用建筑和抢修抢建工程等方面[19]。MPC 可以固化处理垃圾焚烧飞灰中的重金属物质[20],也可以充分利用从冶炼金属中脱除的废渣来增强改性水泥的物理力学性能,从而广泛应用于民用建筑领域中[21-22]。

赤泥中含有大量硅酸盐钙和无定形的硅铝酸盐,因此具有一定的水硬性和化学固化性能。在混凝土建材的生产过程中,赤泥的加入对聚合过程有改善作用,增强材料的力学性能[23]。Pavel 等[24]使用赤泥、硅酸盐水泥及矿物掺合料高炉炉渣和添加剂制得赤泥碱活性水泥,抗压强度可以达到 30~60 MPa,此种水泥可应用于道路基础建设。Atan 等[25]研究探讨了利用拜耳法铝土矿废渣和农业废渣作为替代黏土的替代添加剂生产环保型多孔陶瓷砖,在生产中使用有机和无机添加剂减少了天然黏土储量。Chandra 等[26]研究了赤泥与粉煤灰、水泥混合后作为路基筑路材料的强度特性,分别用 10%、20%、30% 的粉煤灰和 1%、3%、5% 的水泥替代赤泥,研究粉煤灰和水泥对赤泥强度性能的改善作用,采用粉煤灰和水泥稳定赤泥,使其 CBR 值(标准碎石的承载能力为标准)从 1.58% 提高到 11.6%,可作为道路施工材料。

魏红姗等[27]用可燃物燃尽发泡法将赤泥、钾长石和玻璃粉通过加工制作得到轻质保温陶瓷,其强度来源于赤泥中的组分与其他原料反应生成的硅酸盐矿物,游离的 Na_2O 被 $NaAlSiO_4$ 固定,从而有效解决泛碱的问题。王庭元等[28]研究了赤泥对石灰土性能的影响,发现赤泥掺入石灰土后能够改变石灰土的水化产物,提高石灰土试块的承压能力,减少试块的脆性破坏,但同时也增加了塑性破坏。陈朝轶等[29]以赤泥和粉煤灰为原料,制备得到微晶玻璃产品,此种产品满足《建筑装饰用微晶玻璃》(JC/T 872—2000)标准。朱炳桥等[30]利用加入气相法白炭黑进行快速反应形成钠硅肥,并以赤泥为载体得到具有土壤改良的硅肥产品。李芳等[31]利用以赤泥、粉煤灰、陶瓷抛光渣为主要原料合成建筑保温材料(见图1-2),在赤泥添加量为40%、烧结温度为1 070 ℃、发泡剂用量为3%时产品性能达到行业相关标准,证明赤泥基建筑保温材料技术可行。

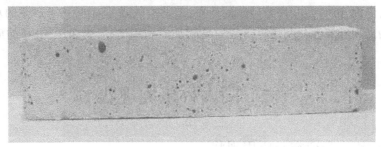

图1-2　赤泥基建筑保温材料[31]

1.2.2　磷酸镁水泥研究现状

MPC 的发展历程较长,早在 20 世纪初就有学者采用 MgO 和磷酸盐制得,并将其应用到牙科专业和制作耐高温材料。由于 MPC 凝结速度过快限制其在实际工程中的应用,直至 20 世纪 70 年代 Stierli 等[32]向 MPC 中加入缓凝剂硼酸,制备出凝结时间相对较长、强度较高且能满足工程需要的胶凝材料。我国对 MPC 的研究起步较晚,在 21 世纪初,Yang 等[33]开始对 MPC 基本性能进行研究。随着国内学者的研究,MPC 逐渐被更多人了解,使用范围也在逐步加大,在修补、固化金属、医学等方面广泛应用。俞家欢等[34]用 MPC 作为立面修补剂,研究了水胶比对其效果的影响。王景然等[35]通过研究 MPC 对 Pb^{2+}、Zn^{2+}、Cu^{2+} 重金属硝酸盐进行固化,研究其浸出率变化规律,发现 MPC 对重金属进行固化效果较好,浸出毒性数值远低于国家标准要求。Zhang 等[36]研制了一种以 MPC、偏高岭土、水玻璃、膨润土为基料的耐水冲刷灌浆材料,通过研究发现注浆材料的抗压强度、抗弯强度、凝结时间等性能均表现良好。

MPC 是一种新型环保胶凝材料,Sugama 等研究了磷酸盐材料的水化机制、缓凝机制及硬化体的微观结构,奠定了 MPC 发展的基础[37]。1989 年,Abdelrazig 等研究了磷酸盐材料的力学性能、孔隙结构及水化产物结构[38]。2001 年,有学者用 KH_2PO_4 代替 $NH_4H_2PO_4$,发明了 MKPC,并对其固废能力进行了研究[39]。2010 年,曹巨辉等[40]对 MPC 修补砂浆力学性能的影响因素进行了研究,其中包括砂胶比、水胶比、缓凝剂种类及养护方式等。周启兆等[41]发现一种用于路面修补的 MPC 材料 3 d 和 28 d 黏结强度分别达到了 6.2 MPa 和 8.6 MPa。田正宏等[42]研究表明,在 MKPC 修补砂浆中掺加 50%的人工砂,其强度最高、体积稳定性良好。2019 年,冯哲等[43]对比了磷酸盐水泥基、硅酸盐水泥基及硫铝酸盐水泥基三种修补材料的黏结性能,结果发现磷酸盐水泥修补材料的性能更优。

1.2.2.1　磷酸镁水泥水化过程

基于化学的观点,认为 MPC 的水化反应是酸碱中和反应[44],现对于 MPC 水化机制方面两种解释:局部化学反应机制和溶液-扩散机制,其中后者被大多数学者赞同。溶液-扩散机制认为 MPC 水化反应过程可概括为:重烧 MgO 和磷酸盐与水混合后,磷酸盐迅速水解为 H^+、$H_2PO_4^{2-}$、PO_4^{3-} 等离子使溶液呈酸性,部分重烧 MgO 在酸性溶液电离出 Mg^{2+},两者迅速发生酸碱中和反应,生成水化凝胶 $NH_4MgPO_4 \cdot 6H_2O$（或 $KMgPO_4 \cdot 6H_2O$,其结构见图 1-3),而未水化 MgO 颗粒作为次中心质,被水化产物包裹并结形成一个连续的网络结构体,从而使 MPC 产生强度[12]。

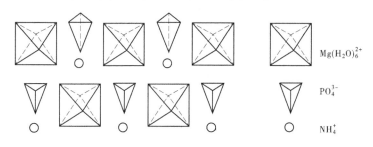

$Mg(H_2O)_6^{2+}$

PO_4^{3-}

NH_4^+

图 1-3　鸟粪石结构

1.2.2.2　磷酸镁水泥基本性能影响因素

重烧 MgO 是制备 MPC 最重要的原材料之一,在目前常用的配合比中,重烧 MgO 通常是过量的,是由于 MgO 不仅参与 MPC 的反应,是水化产物的一部分,而且过剩的重烧 MgO 颗粒还将以骨架的形式存在于 MPC 硬化体中。常远等[45]的研究表明:重烧 MgO 的粒径在 30 μm 以下可对 MPC 的凝结时间和流动度起主导作用,当其比表面积在 238~322 m^2/kg 时,能提高 MPC 的工作性能和力学性能。水灰比对 MPC 强度起着至关重要的作用,张爱莲等[46]研究水灰比对 MPC 力学性能产生的影响,发现水灰比在 0.09~0.12 范围内,MPC 的抗压强度随着用水量的增加而增加,当水灰比在 0.12~0.21 时,MPC 试件的力学性能随着水灰比的增加而降低。分析原因当水灰比较小时,水泥浆体流动性差,成型过程中气泡不易排出,随着水灰比的增加,流动性得到调和,产生的气泡及时排出,随着用水量增加,MPC 浆体中多余水分含量增多,水泥石硬化后自由水蒸发,水泥石中的孔隙增多,故强度降低。早期 MPC 的制备未有缓凝剂的参与,导致水泥凝结速度过快而无法用于实际工程,缓凝剂也是制备不可缺少的原料成分,Hall 等[47]通过试验分别将硼酸、硼砂和三聚磷酸钠三种物质作为缓凝剂加入 MPC 中,结果表明硼酸和硼砂的缓凝效果较好,而三聚磷酸钠对水泥的缓凝作用有限,凝结时间延长不明显。

1.2.3　磷酸镁水泥修补砂浆研究进展

修补砂浆抗拉强度高,耐磨性、耐腐蚀性、抗渗性、抗冻性能及黏结性能优异,适用于修补、防腐和防渗等工程中[48]。聚合物水泥砂浆可以改善其基体结构,提高力学性能和黏结性能,降低收缩率,但其弹性模量与热膨胀系数会降低修补效果,纯丙、苯丙等乳液的使用较为广泛[49]。纤维增强砂浆虽然可以有效地改善其抗裂性,但是作为修补材料,其黏结性不高,修补效果并不理想。梁秋爽[50]将工业废渣粒化高炉矿渣进行活性激发后,利用环氧树脂对其改性,制作成环氧树脂改性碱矿渣水泥砂浆,发现环氧树脂的掺入可以改善改性砂浆内部结构,并形成空间网络结构,提高韧性,但其修补性能仍需进一步研究。MPC 修补砂浆凝结速度快,早期强度高,因此被广泛用作修补材料。温金保等[51]研究发现 MPC 修补砂浆凝结时间与水胶比成正比,因此可以通过调整水胶比的大小,改变其凝结时间,防止出现材料由于凝结速度过快而失效的现象。肖卫[52]从水胶比、镁磷比(M/P)分析了对 MPC 凝结时间的影响。水胶比在 0.14~0.20 时凝结时间为最佳。高流动性和快硬性是 MPC 修补砂浆的关键优势。

　　任一龄期下 MPC 修补砂浆的黏结强度均高于普通硅酸盐水泥,且 MPC 修补砂浆早期 3 h 黏结强度远超于普通硅酸盐水泥砂浆。可见 MPC 修补材料快速黏结性能良好,适用于工程抢修。这是由于 MPC 修补砂浆的水化产物可与波特兰水泥中未水化的熟料颗粒发生化学反应,产物呈凝胶状,与鸟粪石结构相似,进而提高了其黏结性能。范英儒等[53]研究表明磷酸钾镁水泥(MKPC)相比于磷酸铵镁水泥(MAPC)没有 NH_3 产生,因此 MKPC 内部密实度和黏结性能均有所提升。空气养护条件下,MPC 中大量的水化产物呈柱状并相互搭接,与少量磷酸盐将未反应的重烧氧化镁包裹连接形成致密整体[5]。在潮湿或水养条件下,MPC 硬化结构中磷酸盐首先被溶蚀,在孔溶液中形成酸性环境,致使鸟粪石晶体和凝胶部分溶解,MgO 颗粒表面胶结的水化产物也逐渐减少,并在浆体表面和内部形成孔隙和裂纹,结构孔隙率增大,特别是有害孔的数量明显增多,从而导致 MPC 力学性能、耐水性降低[54-55]。将矿物掺合料掺入到 MPC 材料中,主要存在两种作用:一是参与 MPC 水化过程,最终生成一种可以提高 MPC 力学性能的无定形物质;二是充分发挥其作为微集料的填充作用,可有效改善 MPC 硬化体的密实性,从而对宏观性能和微观性能起到积极影响[22]。

1.2.4　磷酸镁水泥及其修补砂浆性能影响因素

1.2.4.1　配合比参数对 MPC 及其修补砂浆的影响

　　MPC 修补砂浆的配合比直接影响水化产物的种类、微观形貌和孔结构,其中酸式磷酸盐种类、M/P 和水胶比的影响尤为显著,胶砂比和骨料性质也在一定程度上影响其密实性和界面黏结性能,此外,原材料的颗粒大小能够改变水化速率、水化热,以及水化产物的种类和形貌、孔隙率和孔径分布。因此,合理的配合比参数和原材料特征不仅有利于 MPC 水化,还能够降低 MPC 水化过程中的气泡释放量和孔隙率,从而改善 MPC 修补砂浆的孔结构、密实度和耐水性。

　　MPC 水化产物中磷酸盐含量对 MPC 耐水性有显著影响,不同研究者的试验结果存在差异(见图 1-4[56-59])。净浆试件的抗压强度随着 M/P 的增加呈上升趋势,水养条件下抗压强度损失率降低[55]。M/P 在很大程度上影响 MPC 水化产物的结晶度和硬化结构的密实度,随着 M/P 的增加,鸟粪石晶体由针状逐渐变为板状、棱柱状至最终无序分布形状,从而显著影响 MPC 的耐水性[55]。赵晓聪[56]试验研究表明:M/P 过低时,磷酸盐电离出的 H^+ 降低溶液中 pH 值,使得鸟粪石在酸性环境下水解;M/P 过高时,K^+ 浓度减小不利于鸟粪石生成,导致水化产物结构疏松及水化初期的膨胀量增大,对 MPC 的耐水性造成显著影响。

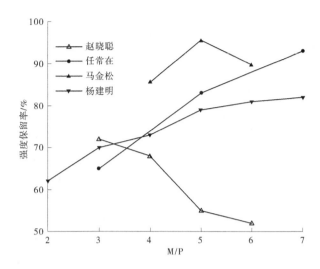

图 1-4　不同文献中 M/P 对 MPC 耐水性的影响规律

水胶比影响 MPC 的水化过程、水化产物、孔结构、凝结时间和强度等,原材料组成确定时,通过优选水胶比可使 MPC 具备最佳的物理力学性能[59-61]。随着水胶比的提高,水化早期 MPC 中磷酸盐溶解程度逐渐增加,水化后期与剩余 MgO 继续反应的磷酸盐减少,硬化浆体内部孔隙得不到有效填充,MPC 的耐水性降低[62]。而水胶比过低时,MPC 水化反应不充分,新拌料的流动性差,成型过程中产生的气泡不易排出,硬化体中大孔的数量增多。

重烧氧化镁和酸式磷酸盐等的粒径直接影响 MPC 浆体的流动性、水化反应速度,以及水化产物的大小、分布、结晶程度和孔结构,进而影响其抗渗性和耐水性。降低重烧氧化镁粒径显著降低 MPC 水化产物的密实性,硬化结构中连通的毛细孔增多,外部水分浸入后未反应的磷酸盐和 MgO 颗粒发生二次溶解,进而削弱水化产物之间的黏结力,导致 MPC 力学性能降低[63]。KH_2PO_4 在水中的溶解速率随其粒径减小而加快,水化反应生成的鸟粪石增多,胶结于未完全反应的重烧氧化镁和无机填充剂之间,细化硬化结构的孔径,显著提高 MPC 致密性和耐水性[64]。

MPC 修补砂浆中的砂子除起到骨架作用外,还可以填充 MPC 结构内部的孔隙,抑制裂缝的产生和发展,提高基体的抗压强度,同时降低制备成本[65]。但砂含量过高会导致 MPC 修补砂浆中的胶凝材料相对含量降低,生成的鸟粪石量减少,结构的致密度下降,导致强度降低,降低结构的水稳定性[56]。MPC 修补砂浆砂胶比为 1 时强度最高,且 MPC 修补砂浆抗压强度随着细骨料含量的增加而下降[66]。沈世豪[67]研究表明 MPC 修补砂浆中砂的增加会削弱硬化浆体的胶结作用,砂子间水化产物含量减少,MPC 修补砂浆的孔隙率增大,耐水性降低。随着砂胶比的增加,胶凝材料用量减少,生成的水化产物不足以完全包裹未水化的 MgO 和砂,难以形成稳定牢固的结晶结构网,结构致密度显著下降,从而影响 MPC 的耐水能力[40,68]。

1.2.4.2　矿物掺合料 MPC 及其修补砂浆研究进展

在 MPC 修补砂浆中掺入矿物掺合料具有降低成本、延长凝结时间、改善工作性、提高力学性能及改善耐水性等多种作用[69-72]。粉煤灰是火力发电过程中煤燃烧产生的一种废料,是目前排放量最大的工业垃圾之一,粉煤灰可作为混凝土的矿物掺合料对混凝土进行改性,并随着学者对高掺量粉煤灰混凝土的研究,粉煤灰的利用问题得到部分解决,目前粉煤灰掺量可达50%~70%[8]。有学者研究表明将磨细灰或石灰石粉掺入MPC材料中会显著加快其凝结硬化速率,分析原因是此类掺合料中存在碱性物质,优先与MPC体系中的磷酸盐反应,促进其快速水化[73-74]。另外,在MPC修补砂浆中掺加粉煤灰、偏高岭土等矿物掺合料可以明显提高其流动性,这是因为其球形颗粒起到滚珠效应,降低MPC修补砂浆体系中颗粒间的摩擦力[75-76]。Xu等[76]研究发现,将粉煤灰掺入到MPC体系中提高了其硬化体的致密度,究其原因是粉煤灰填充了MPC修补砂浆体系的空隙,使其结构密实性优于未掺粉煤灰的基准组,从而提高了力学性能。也有学者利用多种技术方法证明多种矿物掺合料内含有硅铝质玻璃相,该物质可以与MPC材料体系中的磷酸盐发生反应,生成的无定形相分布在未水化的MgO和鸟粪石晶体之间,从而提高MPC基体的致密性和强度[77-78]。

粉煤灰、硅灰、偏高岭土(MK)、矿渣和赤泥等矿物掺合料的参与,一方面能够显著降低MPC修补砂浆的生产成本,另一方面则通过形态和填充效应提高MPC硬化体的致密度,水化后期MPC修补砂浆的主要水化产物并未发生改变,但其生成量降低[22],不同研究中矿物掺合料掺量对MPC耐水性的影响规律如图1-5[54,58,71,79-81]所示,可以看出研究结果之间存在一定差异。球状粉煤灰颗粒填充在无定形状水化产物中间并黏结成一体,细化MPC硬化结构内的毛细孔,硬化水泥浆体变得密实,有效地阻塞溢水通道从而改善耐水性[82-83]。偏高岭土、矿渣和硅灰水化活性较高、颗粒更细,在MPC水化后期发生二次水化,C-A-H晶体、C-S-H或磷酸铝类凝胶等水稳性水化产物填充于MPC的孔隙和裂纹中[71-72,84]。

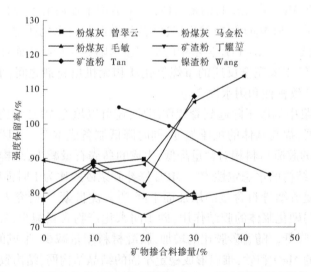

图1-5　不同文献中矿物掺合料掺量对MPC耐水性的影响规律

粉煤灰通过微集料效应改善MPC颗粒级配,细化硬化体的孔结构,提高基体的致密性,且硬化 MPC 致密性和耐水性随粉煤灰掺量的增加逐步提高[8]。曾翠云等[80]研究表明 MPC 强度保留系数随着粉煤灰掺量的提高而快速增大,粉煤灰掺量为 40%时的强度仍高于基准组,说明大掺量粉煤灰影响 MPC 的水化反应,并在一定程度上改善耐水性。Sun 等[85]进一步试验研究发现,粉煤灰改性 MPC 中未生成新的水化产物,在水中浸泡后,MgO 颗粒表面产生大量片状 MPC,表面裂缝和孔隙率降低。汤云杰等[86]试验研究发现掺粉煤灰后的水化产物为块状,与基准试样完全不同,水化产物将粉煤灰微球紧密包裹,晶体间无明显空隙,提高了 MPC 修补砂浆耐水性。

Qin 等[87]研究表明,当偏高岭土掺量 w 高于 30%时,MPC 总孔隙率随着偏高岭土掺量的增加而降低,且背散射电子成像显示未反应的偏高岭土颗粒可以嵌入水化产物的夹层,导致更紧密的结构,说明掺偏高岭土能够有效提高 MPC 的耐水性。高明等[13]试验研究发现水养 MPC 修补砂浆表面出现一层白色物质析出,当微硅粉掺量 w 为 5.0%时,MPC 修补砂浆析出物和内部孔隙减少,结构密实性和耐水性得到改善。MPC 水化产物晶体在微硅粉作用下呈堆叠的块状,空间排列更为整齐致密,耐水性得到有效改善[88]。矿渣能显著改善 MPC 的耐水性,当矿渣掺量 w 介于 0~40%时,MPC 水中浸泡 28 d 和 60 d 的强度保留率随着矿渣掺量的增加而提高[71]。MPC 早期水化速率和结晶度随着钢渣粉掺量的增加而提高,且硬度较高的钢渣粉可以填充硬化后 MPC 的孔隙和裂纹,提高 MPC 修补砂浆的致密性、MPC 水化产物量和耐水性[89]。Wang 等[81]试验研究表明,MPC 中镍渣粉掺量 w 为 30%~40%时,60 d 抗压强度超过 70 MPa,在水固化条件下抗压强度保留率高于 100%,说明适量镍渣粉可显著改善 MPC 的耐水性。Liu 等[82]试验研究发现向 MPC 修补砂浆中掺入 $w=20\%$ 的赤泥时,赤泥中铁分与磷酸盐反应生成非晶相胶凝物质填充体系的孔隙,对 MPC 耐水性的提高起到极大作用。

吴发红等[14]研究了 MKPC 中加入钢渣粉和粉煤灰后力学性能、外观形貌、微观结构等性能变化,发现钢渣粉和粉煤灰均能有效降低 MKPC 在盐冻循环中的强度损失,进行微观结构分析后发现粉煤灰中的石英、莫来石等矿物结构致密且均匀地镶嵌在 MKPC 基体内,可以与 MKPC 基体较好地胶粘在一起,密实内部空隙从而减少冻融循环对 MKPC 的破坏。全万亮[90]研究了粉煤灰对 MPC 水化产物组成的影响,研究结果表明粉煤灰掺入后 $NH_4MgPO_4 \cdot 6H_2O$ 的 XRD 衍射峰强度均明显减弱,MPC 水化产物的结晶度随着粉煤灰掺量的增加而降低,致使硬化水泥浆体致密性下降。Tan 等[71]观察掺入 20%矿渣的 MKPC 养护 60 d 试件 SEM 图片,观察到矿渣颗粒填充于 MKPC 水化产物的孔隙中,XRD 谱图分析进一步证实 20%矿渣 MKPC 不同龄期的水化产物的主要晶相仍为 $KMgPO_4 \cdot 6H_2O$、未反应 MgO 和少量惰性 $Mg_3Ba_2O_3$ 晶体。

赵思飚等[91]研究表明 MKPC 早期水化热总量随着粉煤灰取代率的增加呈现先减小后增加的趋势,当煤灰取代率大于 20%时,硼砂含量相对减少,缓凝效果不明显,早期水化反应释放的热量更多。基于粉煤灰颗粒球形玻璃状形态的"滚珠效应",粉煤灰对于 MPC 浆体流变性能的影响结果和作用机制与普通水泥砂浆和混凝土类似。Lu 等[92]的研究表明在相同水胶比条件下,随着粉煤灰和偏高岭土掺量的增大,微小颗粒数量增多,流动度呈现先增大后减小的趋势。黄义雄[93]的试验得出粉煤灰掺量为 10%~20%时,MPC 的流动度达到最大,但掺量继续增加流动度逐渐降低,粉煤灰改性 MPC 修补混凝土见

图1-6。田海涛等[83]发现随着粉煤灰掺量的增大，MPC 的流动度呈现出先增大后减小的趋势。当粉煤灰掺量为 20%时，MPC 的流动度最大，可以达到 146.7 mm，当粉煤灰掺量大于 20%时，流动度逐渐降低，分析原因粉煤灰是一种球状玻璃体颗粒，其球状形貌可以在磷酸镁水泥流动时起到轴承作用，降低了重烧 MgO 颗粒之间的摩擦，从而提高 MPC 的流动度，但是粉煤灰有着较大的比表面积，当掺量超过一定值时粉煤灰吸收的游离水增多，从而减少了浆体中自由水的含量，造成颗粒之间摩擦力的增大，降低了浆体的流动度。

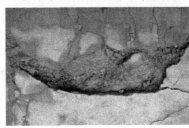

图1-6　粉煤灰改性 MPC 修补混凝土

吕子龙[94]研究了不同掺量的偏高岭土对 MPC 流动性的影响，随着偏高岭土掺量的增加，MPC 流动性逐渐减小，10%掺量的流动度仅为基准组 MPC 的 50%，分析原因偏高岭土由于活性较高，其中的 SiO_2 和 Al_2O_3 在水环境下与重烧 MgO、磷酸盐等发生化学反应降低 MPC 浆体中的水灰比，降低流动性。Xu 等[95]研究了不同硅灰掺量对 MPC 流动性影响，结果表明，硅灰掺量增加，MPC 的流动性增强，在 15%硅灰掺量时达到峰值。Lu 等[92]等则认为在相同水灰比条件下，随着粉煤灰和偏高岭土掺量的增加，流动度呈现先增大后减小的规律。这是由于矿物掺合料粒径较小，在水泥浆体内起到滚珠的作用，减小颗粒间摩擦阻力，随着其掺量的增加，比表面积增大，需水量也迅速增大，吸收消耗掉体系内的水分所致。Zhang 等[96]的研究表明随着赤泥取代水泥组分增多，凝结时间变长，并且赤泥掺量小于 50%时凝结时间缓慢增加，大于 50%后增加迅速。张晨霞[97]研究表明掺入赤泥会影响 MPC 体系中 MgO 与 KH_2PO_4 之间发生的化学反应，减少水化产物 $KMgPO_4 \cdot 6H_2O$ 的生成量，降低其结晶度，从而导致 MPC 抗压强度降低。在 MPC 中掺加赤泥可以大幅度降低各重金属的浸出量，远低于《固体废弃物试验分析评价手册》规定的限值，并对其起到更好的固化处理作用，弱化了浸出物的毒性，从而降低对环境的污染[35]。

1.2.4.3　纤维增强 MPC 及其修补砂浆的研究和应用

MPC 修补材料凝结硬化速度快、早期强度高且黏结性能良好，但由于其硬化体中的结晶相生成量占比大，脆性高，变形能力较弱，因此需要采用一些措施来改善 MPC 修补砂浆的韧性和脆性，从而拓宽其实际应用范围[98]。汪宏涛等[99]通过研究不同钢纤维掺量对 MPC 修补砂浆性能的影响，发现钢纤维显著改善了 MPC 修补砂浆的力学性能、韧性、干缩性及耐磨性。另外，掺入钢纤维也可以增强 MPC 修补砂浆的界面黏结性能，分析原因是钢纤维具有较高的抗拉强度，并且其端勾的应变能力强，有助于 MPC 修补砂浆发生脆性破坏向延性过渡[100-102]。

聚合物纤维对 MPC 修补砂浆物理力学性能的影响，与其对其他水泥基材料的影响结果相似。在工作性方面，苏柳铭[103]研究发现掺入少量的聚丙烯纤维显著降低了 MPC 修补砂浆的流动性,随着聚丙烯纤维掺量持续增加至 1.0%,MPC 修补砂浆的流动性是未掺纤维基准组的 70%,也有多位学者证实了这一研究结论[104-106]。另外,由于聚丙烯纤维是一种疏水性纤维且刚度低,在掺量过大时除了降低 MPC 修补砂浆工作性,同时还会对其抗压强度产生负面影响[107]。聚乙烯醇纤维保水性能优异,能在 MPC 修补砂浆内部湿度较低时释放其贮存的水分促进水化[108-109]。聚乙烯醇纤维对 MPC 修补砂浆的抗压强度影响较小,但可通过改善基体的弯曲韧性,提高其变形能力和抗折强度[110-111]。

1.2.4.4 化学外加剂对 MPC 及其修补砂浆的影响

化学外加剂作为水泥基材料不可或缺的组分,混凝土结构工程多采用减水剂、引气剂、早强剂、絮凝剂及复合型外加剂等,用来改善混凝土拌和物的工作性、力学性能、耐久性能。与之不同的是,由于 MPC 水化热大并集中放热,致使其凝结时间很短,必须掺入缓凝剂调整其凝结时间,保证其良好的施工性能。水玻璃、柠檬酸及壳聚糖等外加剂能通过自身胶结和填充作用大幅提高其密实度,有效抑制水渗入 MPC 基体,明显改善 MPC 修补砂浆物理力学性能,显著提高其耐水性,从而满足 MPC 修补砂浆的工程应用基本要求。

水玻璃可与 MPC 孔溶液中的 Mg^{2+} 反应生成水合硅酸镁凝胶,填充于 MPC 硬化结构的毛细孔中,降低水环境作用下 MPC 的强度损失率[59]。通过外涂防水剂能够显著改善 MPC 试件的耐水性,涂有防水剂的 MPC 试件强度保留率比未防护试件提高近 30%,且随着涂层厚度增加略微增大[54]。纤维素在水中可发生溶胀作用,形成坚固而有弹性的胶体,包裹在未水化 MgO 颗粒表面,降低孔隙率,材料结构更加密实,减少外界水分子的渗入,MPC 抗水性能得以提高[112]。柠檬酸在水化过程中释放的 H^+ 促进了重烧氧化镁的充分反应,大量凝胶产物覆盖或填充于 MPC 晶体与 MgO 颗粒的表面和孔隙之间,提高了 MPC 的致密性和耐水性[113]。壳聚糖分子链上的游离氨基与 MPC 中 Mg^{2+} 配位形成配位化合物,提高了硬化结构致密性,壳聚糖包裹在水化产物表面的抑制水分子与可溶性离子的接触,减少可溶性磷酸盐的溶解析出,提高 MPC 抗水性[114]。

1.2.4.5 养护条件对 MPC 及其修补砂浆的影响

MPC 修补砂浆主要用于在役构件的紧急修补,建筑构件所处地理环境和气候条件限制并决定了环境的温度和湿度。养护环境条件对 MPC 及其修补砂浆的水化过程、水化产物和孔隙结构、力学性能和耐水性产生一定的影响。MPC 通常在空气中自然养护,过高的养护湿度对 MPC 强度的发展有不利影响。与普通的硫铝酸盐水泥、快硬硅酸盐水泥、地聚物水泥基修补材料相比,MPC 及其修补砂浆在低温下仍能够水化硬化,且具有良好的早期力学性能[115]。但在低温和负温养护环境中,MPC 水化速率降低,硬化结构中游离水含量增多,特别是在负温下水分冻结形成大量孔隙,导致 100 nm 大孔的比例增加明显,小于 100 nm 的微孔则随着环境温度的降低而减小[3],在潮湿或者水环境中的性能相应劣化。MPC 修补材料在不同养护方式和水中的耐水性由强到弱排序为自然养护、标准养护、自然水中养护、标准水中养护[116]。

徐选臣等[117]试验研究发现 MKPC 自然养护 3 d 后浸入呈弱碱性的海水养护,MKPC 浆体主要水化产物 $KMgPO_4 \cdot 6H_2O$ 的溶解度降低,随着 $KMgPO_4 \cdot 6H_2O$ 晶体的不断生成和填充硬化体孔隙,MKPC 硬化体的结构趋于致密,有效改善 MKPC 耐水性。邓恺等[8]试验研究表明,增加自然养护时间,MPC 强度保留率呈上升趋势,耐水性能也会有所改善,延长其水养护时间对 MPC 的强度保留率有不利影响。Lv 等[118]将 MPC 净浆试件分别在空气中养护 1 d 和 28 d,随后放置水中养护,发现短时间内试件水化反应还不够充分,强度还未完全发展,硬化水泥砂浆结构不够稳定,说明延长试件在空气中的养护时间,可明显降低孔隙率,提高 MPC 的耐水性。由此可见,MPC 基材料不适用于水工环境中,如若工程需要,则在养护阶段保持干燥环境的同时延长试件在空气中养护的时间,才能保证适宜的强度和耐久性。

MPC 修补砂浆的凝结硬化过程有可能在低温、常温和高温甚至冻融、侵蚀及其复合作用的严苛环境中完成。特别是我国北方冬季温度极低,道路桥梁快速修补工程所用原材料和拌和水的温度也很低,拌和过程有可能出现冻结和流动性差的现象,故应保证在拌和、施工、硬化过程中修补材料内部足够的液态水分[119]。MPC 水化时放热相对集中,在水化初期可达到最高水化温度 94.6 ℃[82],因此短时间内形成的水化放出的热量可以使负温环境中的 MPC 拌和物保持较高的温度,从而保证 MPC 水化所需的液态水分环境和适宜的早期的强度[120]。环境温度为 15~35 ℃时,温度越高 MPC 早期强度发展越快,凝结时间明显缩短[121]。环境温度在 0 ℃以下时,MPC 试块表面孔洞的自由水会凝结成冰并挤压周围自由水向试块内部迁移,并在迁移过程中形成一定的水压梯度和应力使试块内部产生裂缝,降低 MPC 的耐水性[67]。低温养护下 MPC 表面生成的大量膨胀性针状物存在的膨胀应力使材料表面产生裂纹,并且试样孔洞内的自由水结冰形成冰晶,产生的结晶应力破坏了 MPC 结构,导致耐水性变差[122]。

1.2.5　复合改性 MPC 水泥及其研究与应用

MPC 属于脆性材料,因此工程应用较为局限,为了改善这一性能特点,许多学者在近几年研究了 MPC 基纤维复合材料,深入讨论了植物纤维、聚合物基纤维及无机纤维如何通过宏观的增强阻裂作用改善 MPC 的抗压强度、抗折强度、体积稳定性和变形性能,从而对 MPC 增韧、改性提供有利影响。

目前,国内外许多学者深入探究使用各种植物复合材料(大麻[123]、草捆[124]、甘蔗和稻壳[125]等)制备绿色胶凝材料的可能性,其中大麻茎秆因其具有低密度、高孔隙率的特点,制备出的混凝土具有保温隔热、调节湿度且透气等性能最引人注目[126]。该大麻茎秆混凝土在欧洲一些住宅已被成功应用,图 1-7 为 MPC 加入 16%大麻微观图片[126]。相比于普通硅酸盐水泥硬化后呈碱性,MPC 凝结硬化后呈中性偏弱碱性,不易腐蚀植物纤维,比较有利于植物纤维在水泥基体中长期的耐久性[127]。

在 MPC 中加入聚合物乳液进行改性时,水泥基体在裂纹扩展过程中将产生其他能耗,从而消耗掉一大部分外加荷载的能量,并且聚合物乳液中的一些分子与 MPC 水化产物相互作用会改变水泥基体结构,使 MPC 的抗折强度、变形能力及黏结强度显著提高[128]。Huang 等[129]在 MPC 中掺加 9%的 EVA 乳液,通过微观电镜观察到 MPC 水化产物与 EVA 乳液中的絮状物交互连接,形成空间网状结构,提高其基体结构的致密程度及与旧混凝土的黏结程度,并发现 MPC 基体断裂能可提高 50%以上。Chen 等[130]发现乳胶粉的加入在不同程度上对 MPC 耐水性、抗干燥收缩能力等性能进行提高。刘军等[131]发现玻璃纤维可以改善 MKPC 的力学性能,当掺量低于 1.2%时,随着玻璃纤维掺量的增

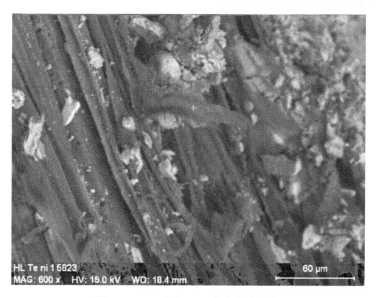

图 1-7　MPC 加入 16%大麻微观图片

加,抗折强度不断增长;当掺量超过 1.2%时,玻璃纤维对抗折强度改善作用下降,并且对抗压强度产生不利影响。图 1-8 为玻璃纤维 MPC 微观形貌[131]。

图 1-8　玻璃纤维 MPC 微观形貌

　　钢纤维可显著改善 MPC 砂浆诸多性能,其原因如下:掺入钢纤维后,MPC 砂浆材料在受到荷载作用时,形成多点开裂,即基体开裂后乱向分布的钢纤维借助与界面的黏结力将荷载传递至基体中,使裂缝形成于基体各处。汪宏涛等[99]试验表明钢纤维掺量低于 1%时,对 MPC 砂浆的流动性影响并不大,当掺量大于 1%时,砂浆的流动性随着钢纤维掺入量的增加而降低;钢纤维对 MPC 砂浆早期强度有显著的增强效果,钢纤维掺量为 0.8%~1.5%时增强效果最佳。图 1-9 为纤维改性 MPC 修补路面。

图 1-9　纤维改性 MPC 修补路面

1.3　研究内容及创新点

1.3.1　存在的问题

MPC 及其修补砂浆存在以下几个问题有待优化：

（1）MPC 及其修补砂浆耐水性、耐腐蚀性较差，水化产物和重烧 MgO 会与酸发生反应，原有的稳固结构被破坏；高浓度的碱性溶液同样对 MPC 的腐蚀较为明显，其原因是 OH^- 与 Mg^{2+} 生成氢氧化镁会使水泥表层疏松剥落，削弱了其在水工建筑的抢险工程及修补工程的物理力学性能。

（2）MPC 及其修补砂浆凝结速率过快，施工时不易操作，而且其性能较为单一，抗弯拉折强度较低。

（3）MPC 及其修补砂浆具备负温凝结的特征，但矿物掺合料掺量和养护温度变化对界面黏结性能的研究不够系统，这制约了其在严寒环境中的应用。

（4）修补工程中 MPC 及其修补砂浆的水化放热多且不均匀导致温度应力、强度、耐久性被削减，而且造价过高，限制在实际中的应用。

1.3.2　研究内容

（1）赤泥预处理工艺和机制研究。采用酸式磷酸盐预处理和机械研磨赤泥，降低赤泥掺入磷酸镁水泥过程中的气体生成量，提高赤泥的活性指数和可溶性 K^+、Na^+ 的含量，通过火焰光度计法和 XRD 分析研究赤泥的活化和 K^+、Na^+ 离子溶出机制。

（2）赤泥 MPC 制备及其力学性能研究。通过调整重烧 MgO 与磷酸盐的质量比（M/P）、水胶比（W/C）制备出流动性和力学性能满足要求的基准 MPC。通过研究赤泥掺量对 MAPC 和 MKPC 流动性、力学性能和耐水性的影响规律，讨论赤泥的掺入对 MPC 耐水性的改善机制，进一步讨论赤泥中磷酸钠盐含量对 MAPC 和 MKPC 宏观性能的影响。

（3）赤泥 MPC 水化凝结过程和机制研究。通过对 MAPC 和 MKPC 凝结时间、水化热、水化产物组成和微观形貌测试，研究赤泥的掺入对不同 MPC 水化凝结过程的影响规律，阐明赤泥对 MPC 水化过程和影响机制。

（4）赤泥 MPC 修补砂浆制备及机制研究。根据前期研究既定的 M/P 质量比，通过调整赤泥掺量、水胶比、砂胶比和细骨料种类在规定养护条件下配制出工作性能和强度均满足规范要求的基准 MPC 修补砂浆。并通过 SEM、XRD 等技术手段观测其微观结构并对宏观变化规律进行机制分析,得出赤泥 MPC 修补砂浆最佳配合比。进一步通过毛细吸收试验探究上述参数对其水分传输特性的影响,探索 MPC 修补砂浆耐水性的影响机制。

(5)养护温度对赤泥 MPC 修补砂浆结构和性能影响机制研究。通过不同养护温度(-20 ℃、0 ℃、20 ℃、40 ℃)下 MPC 修补砂浆物理力学性能试验研究,探索基准 MPC 修补砂浆和优选赤泥掺量组 MPC 修补砂浆的凝结时间、流动性、抗压强度、抗折强度、界面弯拉强度、干缩率随养护温度的演化机制。

(6)聚合物纤维增强赤泥 MPC 修补砂浆物理力学性能研究。研究聚丙烯纤维、聚乙烯醇纤维、聚酯纤维不同掺量及长细比对赤泥 MPC 修补砂浆物理力学性能影响,分析聚合物纤维对赤泥 MPC 修补砂浆工作性、力学性能、干缩率、界面弯拉强度等性能的影响规律。

1.3.3 研究方法

(1)赤泥预处理工艺和机制研究。由于赤泥具有高碱性且含有大量方解石($CaCO_3$),掺入到 MPC 后产生大量 CO_2 导致 MPC 孔隙率高,赤泥磨细后与磷酸盐、水按质量比 5∶1∶1 进行赤泥预处理,降低其碱性的同时,降低掺入 MPC 后产生气体的量。通过火焰光度计、X 射线衍射、活性指数测定方法测试处理前后赤泥的 K^+、Na^+ 离子含量变化,矿物组成变化及活性变化并分析其机制。

(2)赤泥 MPC 制备及其力学性能研究。分别选取 M/P 为 2、2.5、3、3.5、4 和水胶比为 0.20、0.25、0.30 试配 MPC,并通过测试其流动性、凝结时间和力学性能制备出各项性能都满足试验研究要求的基准 MPC。将预处理赤泥采用 10%~40% 等量取代的方法分别掺入 MAPC 和 MKPC,研究赤泥掺量变化对 MAPC 和 MKPC 的宏观性能包括流动性、不同龄期力学性能和耐水性的影响规律,讨论赤泥的掺入对 MPC 耐水性的改善机制,进一步讨论赤泥中磷酸钠盐含量对 MAPC 和 MKPC 宏观性能的影响。

(3)赤泥 MPC 水化凝结过程和机制研究。通过对 MAPC 和 MKPC 凝结时间、水化热、水化产物组成和微观形貌测试,研究赤泥的掺入对不同 MPC 的水化进程、水化放热量、实时水化温度,以及硬化后水泥矿物组成、微观结构的影响规律,阐明赤泥对 MPC 水化机制的影响机制。

(4)确定基准 MPC 修补砂浆配合比:M/P 质量比为 3、缓凝剂硼砂的质量为 MgO 的 10%。接着采用水养护和空气养护两种养护方法,测定 1.5 h、3 d、28 d 龄期抗压强度、抗折强度;按照《修补砂浆》(JC/T 2381—2016)制作新旧砂浆的黏结试件,将其按照规定进行养护到一定龄期后测试其界面弯拉强度;并根据规范要求,测定砂浆试块的力学性能、界面弯拉强度、耐水性、干缩率、毛细孔隙率、毛细吸收系数及吸水率等,对比不同赤泥掺量、水胶比、砂胶比、聚合物纤维不同掺量及不同养护条件所引起的性能参数变化,分析赤泥 MPC 修补砂浆体系中水化产物组成、水分传输规律和孔隙结构特征,并通过 XRD、SEM 等技术手段观测其微观结构并对宏观变化规律进行机制分析,探究产生此影响的原因和机制。

1.3.4　课题的创新点

（1）以预处理赤泥为矿物掺合料制备出 MPC 及其修补砂浆。

（2）阐释预处理赤泥对 MPC 水化温度和水化热的影响机制。

（3）阐明赤泥 MPC 修补砂浆界面黏结性能的改性机制。

（4）建立赤泥 MPC 修补砂浆的毛细吸水参数与耐水性关系。

（5）明晰赤泥 MPC 修补砂浆物理力学性能随养护温度的演化规律。

1.4　技术路线

根据上述研究内容和研究方法，制定了本书的技术路线，见图 1-10。

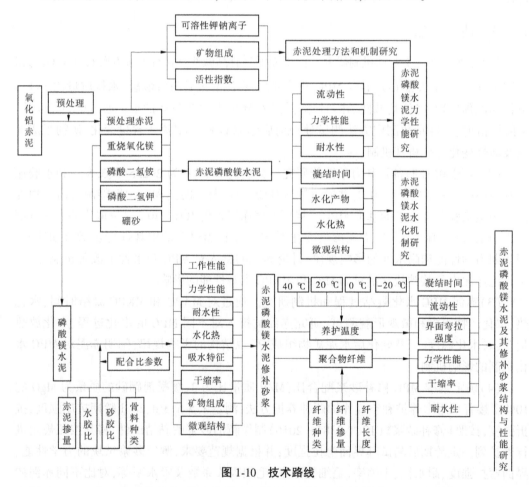

图 1-10　技术路线

第 2 章　原材料和试验方案

2.1　原材料及基本性能

2.1.1　重烧氧化镁

重烧 MgO 是由菱镁矿在 1 600 ℃ 高温下煅烧至少 5 h 制得,颜色为暗黄色,比表面积为 764.0 m^2/ kg,中径 13.62 μm,纯度高于 90%,其技术性能指标如表 2-1 所示,粒径分布如图 2-1 所示。

表 2-1　重烧 MgO 主要化学组成　　　　　　　　　　　　%

主要化学成分	MgO	Al_2O_3	SiO_2	CaO	Fe_2O_3	K_2O	TiO_2	P_2O_5
含量	91.46	1.02	2.03	1.75	1.27	0.04	0.04	0.13

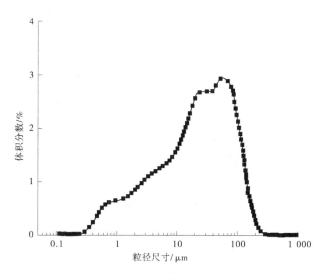

图 2-1　重烧氧化镁粒径分布

2.1.2　酸式磷酸盐

本书中采用 $NH_4H_2PO_4$(ADP)和 KH_2PO_4(PDP)分别制备 MAPC 和 MKPC。ADP 为工业级,纯度在 99.5% 以上,购自四川融绿科技有限公司,PDP 为农业级,纯度在 95% 以上。

2.1.3　缓凝剂

采用分析纯四硼酸钠(硼砂,$Na_2B_4O_7 \cdot 10H_2O$)作为缓凝剂,硼砂为无色透明结晶粉末,纯度大于99.5%。

2.1.4　赤泥

(1)物理性质:赤泥一般呈灰色或暗红色,这与其组成内含氧化铁有关,新鲜赤泥含水量较高风干后呈块状,使用时应先进行晾晒、烘干、研磨处理后方可使用。

(2)化学组成:由于赤泥是由铝土矿经多次处理后得到的,因此成分较为复杂,化学组成见表2-2,粒径分布如图2-2所示。

表 2-2　原状赤泥主要化学组成　　　　　　%

主要化学成分	MgO	Al_2O_3	SiO_2	CaO	Fe_2O_3	K_2O	Na_2O	TiO_2	P_2O_5
含量	0.85	27.76	21.62	14.95	10.49	1.38	9.50	4.39	1.21

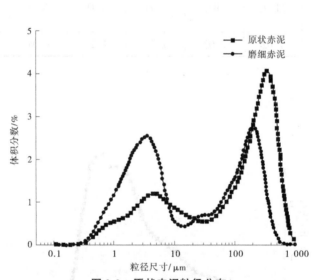

图 2-2　原状赤泥粒径分布

由表2-2可知,赤泥主要化学组成为氧化铝和氧化硅,占赤泥总量的49.38%,此外还含有少量氧化钙、氧化铁等氧化物。

(3)矿物组成:原状赤泥矿物组成如图2-3所示,由图可知原状赤泥 XRD 衍射峰主要有针铁矿、方解石、石英等矿物,其中以针铁矿和方解石为主。

2.1.5　细骨料

石英砂:粒径区间为0.40~0.60 mm,主要成分为二氧化硅(俗称硅砂)。颜色为乳白色,具有耐高温、硬度高的特性。广泛用于玻璃、铸造、陶瓷及耐火材料等领域。

灌浆砂:粒径区间为0.30~0.50 mm,主要成分为二氧化硅,主要用于灌砂法试验。

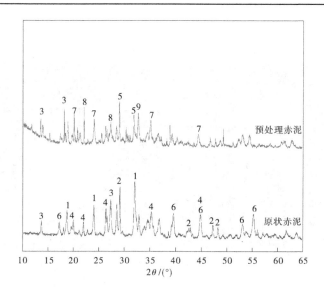

1—针铁矿 FeOOH;2—方解石 $CaCO_2$;3—石英 SiO_2;4—三水铝石 Al(OH)$_3$;5—硅酸二钙 $2CaO \cdot SiO_2$;
6—水钙铝榴石 $Ca_{2.93}Al_{11.97}(Si_{0.64}O_{2.56})OH_{9.44}$;7—磷酸铝 $AlPO_4$;8—磷酸二氢钠 NaH_2PO_4;9—磷酸钠 Na_3PO_4。

图 2-3　原状赤泥及预处理赤泥 XRD 分析

金刚砂:粒径区间为 0.35~0.60 mm,主要成分为黏土中的二氧化硅与碳在高温下反应生成的碳化硅。颜色为黑灰色,广泛用于铝、铁、钢材等金属制品喷砂除锈、抛光打磨等领域。

2.1.6　聚合物纤维

聚丙烯纤维:呈束状单丝状,颜色为白色。聚丙烯纤维强度高、韧性好,广泛用于绳索、渔网等产业领域,常用来提高混凝土、砂浆的防裂抗渗性能,相关指标见表 2-3。

表 2-3　聚合物纤维相关指标

聚合物纤维种类	密度/(g/cm³)	弹性模量/GPa	抗拉强度/MPa
聚丙烯纤维	0.91	4.8	450
聚酯纤维	1.36	15.2	700
聚乙烯醇纤维	1.29	33.5	1 550

聚酯纤维:常用于新旧沥青混凝土路面,用来加强沥青混凝土的黏结性、高温稳定性及疲劳耐久性等,相关指标见表 2-3。

聚乙烯醇纤维:颜色为白色。聚乙烯醇纤维具有高强度、高弹性模量、分散性好的优点,并且与水泥的亲和性较好,适用于各种增强材料,广泛用于建材、安全网及工业纺织品,相关指标见表 2-3。

2.1.7　原材料颗粒形貌

用扫描电镜技术拍摄了氧化镁和赤泥的显微照片,如图 2-4 所示。由图 2-4(a)可知,重烧 MgO 中的大部分颗粒呈方形和柱状。图 2-4(b)可见赤泥的部分颗粒呈球形,大小不一;部分赤泥颗粒表面光滑致密,呈不规则多边形形状。

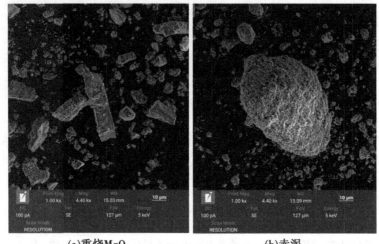

(a)重烧MgO　　　　　　　　　　　(b)赤泥

图 2-4　原料微观形貌

2.2　试验方法

2.2.1　赤泥处理方法

(1)赤泥预处理原因:原状赤泥具有很强的碱性且含有 $CaCO_3$,若将赤泥直接掺入 MPC 混合物中,赤泥将迅速与 ADP 水溶液发生化学反应并释放出 CO_2,导致 MPC 硬化体的致密性降低,不利于其力学性能发展。因此,在将赤泥加入 MPC 进行混合之前需对其进行预处理。

(2)赤泥预处理流程:为了确保成分的均匀性和预处理效果,首先用球磨机将烘干的赤泥研磨 5 min,接着将磷酸盐水溶液按照比例(赤泥、磷酸盐和水的质量比为 5:1:1)加入到赤泥中,混合物在强力搅拌器中搅拌 10 min,并储存 20 min。根据磷酸盐种类不同,分别将 ADP 和 PDP 处理后的赤泥标记为 ADP 赤泥与 PDP 赤泥,最后,将混合物进行密封处理,并在室温下存放 24 h,得到湿润状态的预处理赤泥。

(3)经过测试得到预处理赤泥的需水量为 90%,赤泥的矿物组成、微观形貌及粒径分布分别如图 2-3~图 2-5 所示。

2.2.2　赤泥可溶性钠离子测定方法

采用 FP650 型火焰光度计测试预处理赤泥中可溶性钾钠离子的含量。仪器数据指标调整为空气压缩机压力调整为 0.12~0.2 MPa,火焰调整为锥形 2~4 cm 纯蓝火焰,待压力值稳定后将吸液管插入蒸馏水并调节"低标"旋钮,使仪表指示为零,随后将吸液管

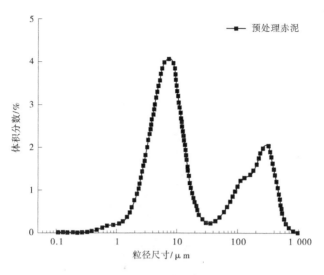

图 2-5　预处理赤泥粒径分布

插入提前配制好 K^+(0. 05 mmol/L) 与 Na^+(1. 40 mmol/L) 的混合标准液进行标定,调节"高标"旋钮,使仪表显示 K 表为 5. 0、Na 表为 140,反复几次读数基本不变后开始对 K: 0~100 ppm(1 ppm = 1×10^{-6},全书同)、Na:0~500 ppm 赤泥溶液进行测定。具体的测试过程如下:

首先,取 30. 0 g 预处理过的赤泥,放入碘酒瓶中。加入 100. 0 mL 蒸馏水后,将混合物搅拌 60 min,然后进行真空过滤,其间用 250 mL 蒸馏水多次洗涤滤渣。滤液在容量瓶中固定容量为 500 mL。测量 10. 0 mL 的滤液,再次定容至 1 000 mL,得到 1∶5 000 的待测溶液。然后用 Na_2O 和 K_2O 基准试剂制备不同浓度梯度的基准溶液,分别校准 6 400 A 火焰光度计,并绘制 Na_2O 和 K_2O 浓度的基准曲线。最后,清洗设备,将待测溶液和测试值代入基准曲线,计算出待测溶液中的可溶性 Na_2O 含量和 K_2O 含量。

2.2.3　赤泥活性指数测定方法

赤泥的活性指数是指赤泥加入后对试件强度的影响,测试方法为:将赤泥与水泥按质量比为 3∶7 混合后,加入等量的砂制成胶砂比为 1∶1 的砂浆试件养护 28 d,测试其抗压强度,并测试未掺赤泥的水泥胶砂试件 28 d 的抗压强度,二者的抗压强度比值为赤泥的活性指数。

2.2.4　试块成型及养护方法

(1)赤泥 MPC 制备过程:镁磷组分(重烧 MgO 和磷酸盐)的质量比为 3∶1,水与胶凝材料的质量比为 0. 20,缓凝剂质量为重烧 MgO 质量的 12%。为了研究赤泥含量对 MPC 性能的影响,本书采用等量取代的方法将预处理赤泥加入 MPC,取代率分别为 0、10%、20%、30% 和 40%。

采用 JJ-5 型水泥胶砂搅拌机(见图 2-6)进行混合,通过以下步骤制备:将重烧 MgO、磷酸盐、处理后赤泥、缓凝剂等原料进行干混合,低速搅拌约 60 s,使材料均匀分散;加水,低速搅拌 30 s,高速搅拌 90 s。在混合过程完成后,立即测试混合物的工作性能,包括流动性和凝结时间。

图 2-6　水泥胶砂搅拌机

(2)赤泥 MPC 修补砂浆制备过程:试验中基准配合比(质量比)M/P = 3:1,缓凝剂硼砂掺量 N/M(质量比)= 12%,以预处理赤泥(干重)等质量取代胶凝材料总量(重烧 MgO 和 $NH_4H_2PO_4$ 质量和)的 0、5%、10%、15%、20% 及 25%,砂胶比 0.4、0.6、0.8、1.0、1.2 及 1.4,水胶比 0.18、0.20、0.22、0.24、0.26 及 0.28。其中,水分和 $NH_4H_2PO_4$ 包含赤泥预处理的用量。

采用 JJ-5 型水泥胶砂搅拌机进行混合,通过以下步骤制备:按照设计比例称量重烧 MgO、$NH_4H_2PO_4$、预处理赤泥、缓凝剂、水和聚合物纤维,将称重好的原材料倒进搅拌锅内,接着使用水泥胶砂搅拌机,并按照《磷酸镁修补砂浆》(JC/T 2537—2019)规定的方法进行搅拌。

(3)养护方法:将新拌混合物浇筑到铁模组合中(40 mm×40 mm×160 mm),1 h 后脱模,脱模后进行空气养护[(20±1)℃、(50±1%)湿度],用于测试耐水性的试块在空气养护 3 d 后放入(20±1)℃清水中进行水养护。

2.2.5　工作性能试验方法

本书试验中 MPC 的流动度参照《水泥基灌浆材料》(JC/T 986—2018)。将搅拌好的 MPC 倒入净浆流动性试模,刮平表面后匀速垂直提起流动性试模,新拌水泥铺平后测量流动度,MPC 流动性测试见图 2-7。

2.2.6　凝结时间试验方法

MPC 常作为修补材料使用,为了达到快速修补的目的,要求能够在较短的时间内达到理想的强度,同时要求 MPC 在使用中具备充足的施工时间。从加水搅拌开始计时,使用维卡仪进行凝结时间的测定,由于 MPC 各组分之间反应速度快,且水泥初凝与终凝间

图 2-7 MPC 流动性测试

隔时间短,因此在凝结时间测定中只测定水泥的初凝时间,由于 MPC 的水化硬化速度快,开始时两次测试间隔为 30 s,临近初凝时两次测试间隔为 15 s,MPC 凝结时间测试见图 2-8。

图 2-8 MPC 凝结时间测试

2.2.7 力学性能试验方法

将成型好的 MPC 修补砂浆试件(尺寸为 40 mm×40 mm×160 mm)空气养护至规定龄期后参照规范《水泥胶砂强度检验方法(ISO 法)》(GB/T 17671—2021)规定的方法测定其力学性能。图 2-9 为力学性能试验机。

图 2-9　力学性能试验机

2.2.8　耐水性能测试方法

将成型好的 MPC 修补砂浆试件(尺寸为 40 mm×40 mm×160 mm)空气养护 3 d 后,再放入 20 ℃的水中进行水养护。采用强度保留系数定量评价 MPC 修补砂浆的耐水性,计算方法如式(2-1)所示。

$$W_n = f_{cn}/f_c \qquad (2\text{-}1)$$

式中:W_n 为强度保留系数;n 为水中养护时间,d;f_{cn} 为水中养护 n d 试件的抗压强度,MPa;f_c 为空气养护 28 d 的抗压强度, MPa。

2.2.9　水化热试验方法

按照规范《水泥水化热测定方法》(GB/T 12959—2008)测试 MPC 修补砂浆的水化热,本次试验所使用的仪器是十二通道微量热仪(见图 2-10),在测试期间需要利用热量计测定其水化过程中产生的温度变化,通过计算 MPC 修补砂浆体系内积蓄和散失的热量总和,求得最终水化热。

本次试验采用直接法,砂胶比为 3∶1,根据不同赤泥掺量 MPC 修补砂浆的需水量加水拌制。取其中的 800 g 砂浆放入测试通道(保温广口瓶)内,并将相关参数输入电脑,测试改性 MPC 修补砂浆的水化温度和水化热。计算机通过采集数据,并根据式(2-2)绘制累计水化热曲线。

$$Q_X = C_p(t_X - t_0) + K \sum F_{0-X} \qquad (2\text{-}2)$$

式中:Q_X 为水化放出的总热量,J;C_p 为倒入砂浆后热量计的总热容量,J/ ℃;t_X 为 X h 后砂浆的温度, ℃;t_0 为砂浆初始温度, ℃;K 为热量计的散热常数,J/(h · ℃);$\sum F_{0-X}$ 为 $0 \sim X$ h 水槽温度恒温线与砂浆温度曲线间的面积,h · ℃。

图 2-10　十二通道微量热仪

2.2.10　微观组成和结构测试方法

各龄期 MPC 试块测试强度后,将收集的破碎试样浸泡在无水乙醇中至少 7 d 终止水化。将试样均放入真空干燥箱内以 60 ℃温度烘干至恒重,研磨并过 75 μm 方孔筛试样用于 XRD 分析。使用 XRD 设备 D8ADVANCE 在 15 mA/40 kV 的 Cu-Kα 辐射下工作,在 10°~80°范围内以 10°/min 的速度记录结果,并使用 MDI jade 6 软件进行解谱,分析水化产物矿物组成。

测试微观形貌时,将 MPC 试块破碎成 1~2 mm 薄片,测试前将试样置于温度为 60 ℃的真空干燥箱中烘干,然后进行喷金处理。微观结构研究采用美国 FEI 公司的 Quanta 250 FEG 场发射扫描电子显微镜,分别对 MAPC 和 MKPC 样品在 20 kV 和 5 kV 的加速电压及 3 个光斑尺寸条件下,观察赤泥颗粒在 MPC 中的微观形貌和赤泥、水泥石界面过渡区变化,以及各龄期下 MPC 水化产物形貌特点。

2.2.11　界面弯拉强度测试方法

按照《修补砂浆》(JC/T 2381—2016)规定的方法测试 MPC 修补砂浆的界面弯拉强度。试验前需制备出尺寸为 40 mm×40 mm×80 mm 的硅酸盐水泥砂浆试块,并养护 28 d 后备用。正式试验时,将备好的基准水泥砂浆块先放入 40 mm×40 mm×160 mm 的三联模中,接着倒入新拌的 MPC 修补砂浆,制成测试黏结试件(见图 2-11),每组配合比需成型 6 个试样,之后将试件养护至规定龄期,测试其抗折强度来表示界面弯拉强度,结果精确至 0.1 MPa。

2.2.12　干缩率测试方法

按照《水泥胶砂干缩试验方法》(JC/T 603—2004)测试 MPC 修补砂浆的干缩率。成型 MPC 修补砂浆干缩试件需要将不同配合比的 MPC 修补砂浆加水拌和均匀后浇筑于

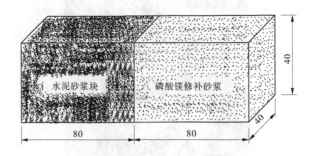

图 2-11　界面弯拉强度试件示意图　（单位：mm）

25 mm×25 mm×280 mm 的试模中，制成棱柱标准试件，每组试件均成型 3 个，按照规范要求养护 28 d 后使用比长仪（见图 2-12）测量长度。具体计算方法参照式（2-3）。

$$S_{28} = \frac{(X_0 - X_{28}) \times 100}{L} \qquad (2\text{-}3)$$

式中：S_{28} 为 28 d 干缩率，%；X_0 为千分表初始测量读数，mm；X_{28} 为 28 d 后千分表的测量读数，mm；L 为试件有效长度，mm。

图 2-12　比长仪

2.2.13　吸水率测试方法

按照《建筑砂浆基本性能试验方法标准》（JGJ/T 70—2009）测试 MPC 修补砂浆的 28 d 吸水率，成型试件的尺寸为 70.7 mm×70.7 mm×70.7 mm，养护 28 d 后在 105 ℃ 温度下烘干 48 h，此时质量记为 m_0，浸水 48 h 取出，擦去试件表面水分，称其质量 m_1，最后按照式（2-4）计算 3 块试件吸水率的平均值，并精确至 1% 作为最终结果。

$$W_x = \frac{m_1 - m_0}{m_0} \times 100\% \qquad (2\text{-}4)$$

式中：W_x 为 28 d 吸水率（%）；m_1 为吸水后试件质量，g；m_0 为干燥试件的质量，g。

2.2.14　毛细孔隙率测试方法

参照国际标准《硬化混凝土的密度、吸水性和孔隙率的试验方法》(ASTM C462 - 13)[132] ,测试 MPC 修补砂浆的毛细孔隙率。首先成型尺寸为 70.7 mm×70.7 mm×70.7 mm 的试件,将其保水 72 h 后擦除试样表层水膜,此时试件质量记为 m_{imm} 。接着,用钢丝网挂篮将试件悬浮于水中,称取试件水中质量 m_{sus} ,最后在 40 ℃烘箱中干燥至恒重,记为 $m_{40\,\mathrm{℃-dry}}$,毛细孔隙率按照式(2-5)计算:

$$\phi_{\mathrm{c}} = \frac{m_{\mathrm{imm}} - m_{40\,\mathrm{℃-dry}}}{m_{\mathrm{imm}} - m_{\mathrm{sus}}} \tag{2-5}$$

式中: ϕ_{c} 为毛细孔隙率(%) ; m_{imm} 为试件湿重,g; m_{sus} 为试件水中重,g; $m_{40\,\mathrm{℃-dry}}$ 为 40 ℃干燥后试样干重,g。

2.2.15　毛细吸收系数测试方法

参照国际标准《测量水硬性水泥混凝土吸水率的试验方法》(ASTM C1585-13)[133] ,测试 MPC 修补砂浆的毛细吸收系数。将试件置于 40 ℃的干燥箱中干燥 7 d,接着放置 20 ℃真空干燥皿中静置 48 h,最后将试件四周用铝箔胶带做密封处理(暴露底面)。将 40 mm×40 mm 面浸泡于水中,浸泡高度为 3~5 mm,测试 1 min、3 min、5 min、8 min、12 min、16 min、20 min、45 min、60 min、90 min、120 min、180 min、240 min、360 min、480 min、660 min、1 380 min、2 100 min、3 540 min、4 980 min 和 7 860 min(之后试件质量基本稳定)试件质量。

根据 Matthew Hall 等对 Darcy 定律[134]的扩展和 Hagen-Poiseuille 方程[135] ,可得到下列公式,根据毛细吸收的试验结果计算 MPC 修补砂浆的毛细吸收系数。

将多孔材料假设成 n 个毛细管多维随机平行分布圆柱形孔结构,因毛细管流导致的重量增量 $W_{(\mathrm{t})}$ 为

$$W_{(\mathrm{t})} = n\pi r^2 \rho \sqrt{\frac{r\gamma\cos\theta}{2\eta}}t = A\phi\rho\sqrt{\frac{r\gamma\cos\theta}{2\eta}}t \tag{2-6}$$

单位面积试件质量增量 i 可表示为

$$i = \frac{W_{(\mathrm{t})}}{A} = \phi\rho\sqrt{\frac{r\gamma\cos\theta}{2\eta}}t = S\sqrt{t} \tag{2-7}$$

设 S 为毛细吸收系数,则有

$$S = \phi\rho\sqrt{\frac{r\gamma\cos\theta}{2\eta}} \tag{2-8}$$

$$\phi = \frac{V_{\mathrm{p}}}{V} = \frac{n\pi r^2 L}{AL} = \frac{n\pi r^2}{A} \tag{2-9}$$

式中: γ 为表面张力,N; ϕ 为毛细孔隙率(%) ; r 为细管半径,mm; θ 为接触角(水泥基材料与水一般考虑为零) ; ρ 为液体的密度,kg/m³; η 为液体的黏度系数; t 为毛细吸水时间,min。

2.3　本章小结

（1）将赤泥进行研磨及预处理，通过测试预处理前后赤泥的可溶性钠离子变化、活性指数变化研究预处理过程对赤泥性质的影响。

（2）概括了配制 MPC 修补砂浆所使用原材料的特征、基本性能，包括重烧氧化镁、磷酸二氢铵、硼砂、细骨料、赤泥及聚合物纤维等，并对不同骨料种类和聚合物纤维种类的参数进行了分析和比较，为 MPC 修补砂浆的性能评估提供参考依据。

（3）通过查阅相关规范和文献，详细阐述了试验中涉及的相关试验方法，包括赤泥处理方法、试件成型尺寸及养护方法、工作性能测试方法、力学性能测试方法、耐水性测试方法、界面弯拉强度测试方法、干缩率测试方法、微观结构试样制作方法和测试内容、水化热测试方法及毛细吸水特征测试方法。通过对试样表面形貌、微观结构和水化产物的形成情况等进行观察和分析，用来评估 MPC 修补砂浆硬化结构的性能和耐久性。

第 3 章　赤泥预处理工艺和机制研究

赤泥的矿物成分复杂,主要成分有方解石、三水铝石、针铁矿、钙霞石和钙铝石榴石等,氧化物组成有 Al_2O_3、SiO_2、Fe_2O_3、TiO_2、CaO、MgO、Na_2O 和 K_2O,以及一些稀有金属氧化物。赤泥的火山灰反应活性较低,具有高碱性,限制了赤泥在建筑材料行业的推广应用。铝土矿中常混有锆石和独居石,锆石属硅酸盐矿物,常含有铪、钍、铀、稀土等混合物,因此具有弱放射性。在生产 Al_2O_3 的过程中,90%以上的放射性元素都存在于赤泥中,从而导致赤泥的放射性普遍偏高[136]。

3.1　氧化铝赤泥的预处理

3.1.1　机械研磨

赤泥出场后含水量极大,风干后呈块状无法直接使用。因此,使用前需将块状赤泥磨细为粉状,同时通过研磨使其内部产生内能,改变晶状结构提高活性。赤泥晾晒烘干后放入球磨机内研磨 5 min,用 Bettersize 2600 激光粒度分析仪对机械研磨前后赤泥进行粒度分析,颗粒分布如图 3-1 所示。由图 3-1 可知,机械研磨后赤泥的粒度变细,研磨后赤泥的 D10、D50、D90 分别为 4.14 μm、30.83 μm 和 119.50 μm。

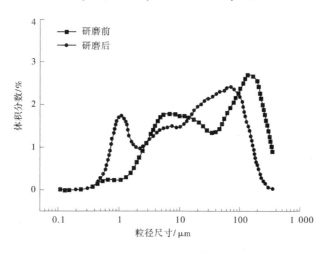

图 3-1　机械研磨前后赤泥的粒度分布

通过机械研磨过程中的碰撞、挤压、撞击使赤泥结构发生缺陷,内能增加,反应活性提高,由于机械力破坏的作用,赤泥最开始发生的变化是颗粒粒径变小,比表面积增大,当矿物颗粒细化到一定程度时,晶体形貌发生畸变和局部破坏,形成各种缺陷,使晶体表面电子发生迁移及表面键断裂,物体处于无序状态,活性增强[137]。

3.1.2 酸式磷酸盐预处理

赤泥中碱主要以自由碱和结合碱的形式存在，主要包括 NaOH、Na_2CO_3、$NaHCO_3$ 等，赤泥溶于水会电离出碱性的阴离子和 Na^+，使赤泥溶液的 pH 值升高。赤泥的脱碱方法主要包括水浸法、钙离子置换法、湿法碳化法和强酸浸法等[138]。酸浸法是一种有效的脱碱方法，且酸浓度越高，脱碱率越高，脱碱效果越好。陈红亮等[139]研究表明，硫酸的浓度越高，钠的浸出率越高。Huang 等[140]研究了利用柠檬酸从赤泥中选择性脱除钠，在柠檬酸用量 15%、液固体比 7 mg/g、浸出温度 100 ℃、搅拌速度 300 r/min、浸出时间 120 min 条件下，钠的浸出率大于 95%。

强酸浸出通常需要高温和高压，增加了成本，并且强酸浸出的赤泥酸性过强，脱碱残渣的应用也受到限制，并导致二次污染。由于原状赤泥碱度高，加入 MPC 中后会与 ADP 溶解的 H^+、$H_2PO_4^-$、HPO_4^{2-} 和 PO_4^{3-} 离子等酸性物质发生酸碱中和反应释放出大量 NH_3，同时赤泥中碳酸盐也与酸式磷酸盐反应释放出 CO_2，MPC 自身反应快、凝结时间较短，在气体未完全释放 MPC 便已凝结，因此留下大量气孔导致赤泥 MPC 孔隙率极高，整体呈蓬松状，极大影响了 MPC 结构强度发展和使用。本书旨在利用赤泥作为矿物掺合料制备 MPC，故而采用酸式磷酸盐预处理赤泥。

3.2 酸式磷酸盐预处理对赤泥物理化学性能的影响

3.2.1 酸式磷酸盐活化对赤泥矿物组成的影响

为了研究赤泥经磷酸盐预处理后矿物组成发生变化，选择原状赤泥、ADP 赤泥和 PDP 赤泥进行 XRD 成分分析，其结果如图 3-2 所示。从图中可以看出原状赤泥中组成成分包括石英、针铁矿、方解石和 Ca_2SiO_4，以及一些 Ca、Si、P、Na 组成的化合物，其中针铁矿和方解石的衍射峰值最高。赤泥预处理后方解石和针铁矿的衍射峰消失，出现明显的磷酸钠盐和磷酸铝的衍射峰。这是由于在处理过程中原状赤泥溶于水会电离出碱性阴离子和 Na^+，在 PO_4^{3-} 及 HPO_4^{2-} 过量的情况下会生成 NaH_2PO_4。

3.2.2 预处理赤泥的可溶性钾钠含量

酸式磷酸盐预处理弱酸浸出 Na^+ 使赤泥活性增加，将赤泥和磷酸盐提前反应，并且陈伏 1 d，经过处理后赤泥的碱性降低、反应活性提高，并富含大量磷酸根离子，便于后续加入 MPC 后与氧化镁电离出的 Mg^{2+} 反应生成水化产物。赤泥预处理后，赤泥中可溶性钠离子和钾离子溶出增多，进而增加赤泥与磷酸镁水泥的反应程度，使二者结合更充分，取得更好的性能。测得赤泥处理前后水溶性钾和水溶性钠含量见表 3-1。

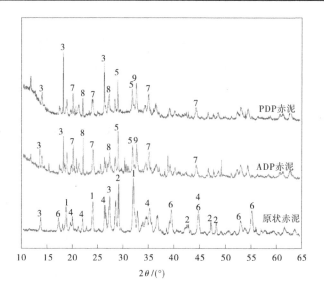

1—针铁矿 FeOOH;2—方解石 CaCO$_3$;3—石英 SiO$_2$;4—三水铝石 Al(OH)$_3$;5—硅酸二钙 2CaO·SiO$_2$;

6—水钙铝榴石 Ca$_{2.93}$Al$_{11.97}$(Si$_{0.64}$O$_{2.56}$);7—磷酸铝 AlPO$_4$;8—磷酸二氢钠 NaH$_2$PO$_4$;9—磷酸钠 Na$_3$PO$_4$。

图 3-2　赤泥预处理前后矿物组成

表 3-1　赤泥预处理前后可溶性钾钠含量　　　　　　　　　　%

赤泥种类	水溶性 K$_2$O	水溶性 Na$_2$O	水溶性 P$_2$O$_5$
原状赤泥	0.03	2.28	0.002
ADP 赤泥	0.09	4.71	1.41
PDP 赤泥	4.01	4.61	1.44

3.2.2.1　可溶性钾离子

　　式(3-1)是 ADP 的水解方程,式(3-2)~式(3-5)是 ADP 与赤泥中的碱、方解石和针铁矿的反应方程式,另外 ADP 处理的赤泥中可溶性 K$^+$ 折合为 K$_2$O 的含量从 0.03% 增长为 0.09%,说明赤泥经弱酸处理后赤泥中的含钾矿物与 ADP 反应,其中的 K$^+$ 被置换析出,以游离态的 K$^+$ 或者由 K$^+$ 组成的水溶性化合物的形式存在。在使用 PDP 处理赤泥的过程中,自身携带有 K$^+$ 折合为 K$_2$O 含量为 3.43%,PDP 赤泥中可溶性 K$_2$O 增加 0.58%,增幅大于 ADP 赤泥。

$$NH_4H_2PO_4 \longrightarrow NH_4^+ + H^+ + HPO_4^{2-} \tag{3-1}$$

$$NH_4H_2PO_4 + 2NaOH \longrightarrow NH_3\uparrow + H_2O + NaHPO_4 \tag{3-2}$$

$$NH_4H_2PO_4 + CaCO_3 \longrightarrow CaHPO_4 + NH_4HCO_3 \tag{3-3}$$

$$2NH_4H_2PO_4 + Na_2CO_3 \longrightarrow (NH_4)_2HPO_4 + Na_2HPO_4 + H_2O + CO_2\uparrow \tag{3-4}$$

$$FeO(OH) + 3H^+ \longrightarrow Fe^{3+} + 2H_2O \tag{3-5}$$

3.2.2.2　可溶性钠离子

ADP 赤泥和 PDP 赤泥中可溶性钠离子折合为氧化钠的含量从 2.28% 分别增长为 4.71% 和 4.61%,分别提高了 2.43% 和 2.33%,增量明显高于可溶性 K^+ 折合的 K_2O。酸式磷酸盐除与可溶性钠反应外,赤泥中的部分 Na^+ 以钙霞石、方钠石形式存在,方钠石为一种等轴晶系矿物,本身不溶于水,方钠石中少量的 Na^+ 在酸式磷酸盐电离出的 H^+ 作用下溶解。ADP 赤泥预处理过程中释放大量氨气和二氧化碳,由图 3-2 可知其可溶性磷离子以 NaH_2PO_4 形式存在。

由图 3-2 赤泥预处理前后的 XRD 图谱分析可知,ADP 和 PDP 赤泥中的磷酸盐多转化为 NaH_2PO_4。由于预处理赤泥中可溶性磷酸根与赤泥中的方解石和其他含钙矿物反应生成磷酸钙、磷酸氢钙等溶解度极低的钙盐,磷酸根离子摩尔质量降低,远远低于钠离子的摩尔量,故以此含量折算预处理赤泥中 NaH_2PO_4 的量。计算可得 ADP 赤泥中 NaH_2PO_4 含量为 2.36%,PDP 赤泥为 2.41%,ADP 和 PDP 的初始掺入量为 16.67%,预处理赤泥工艺的大部分酸式磷酸盐已经消耗,因此在后续制备 MPC 过程中以干重 2.4% NaH_2PO_4 计算预处理赤泥中的磷酸盐含量。

3.3　预处理赤泥的活性指数

活性指数可以反映出赤泥的反应活性,分别将 30% 的 ADP 赤泥和 PDP 赤泥掺入 MPC 作为胶凝材料,以胶砂比为 1:1 制备赤泥 MAPC 砂浆和 MKPC 砂浆,空气养护 28 d 后测试其 28 d 抗压强度,与未掺赤泥的 MAPC 砂浆和 MKPC 砂浆的 28 d 抗压强度的比值,分别表示为 ADP 赤泥和 PDP 赤泥的活性指数,测试结果见表 3-2。

表 3-2　赤泥活性指数

水泥种类	赤泥种类	活性指数
MAPC	原状赤泥	0.57
	ADP 赤泥	0.73
MKPC	原状赤泥	0.52
	PDP 赤泥	0.66

由表 3-2 可知,原状赤泥在 MAPC 和 MKPC 中活性指数分别为 0.57 和 0.52,经过处理后的 ADP 赤泥和 PDP 赤泥分别在 MAPC 和 MKPC 中活性指数为 0.73 和 0.66。一方面,预处理赤泥中的可溶性磷酸盐以 NaH_2PO_4 形式存在,使 MPC 在原有磷酸盐的基础上复合 NaH_2PO_4 了,从而改变了 MPC 的水化过程和产物。另一方面,由于方解石、方钠石、铝硅酸盐、三水铝石和针铁矿与磷酸根离子反应生成具有胶凝性的络合物,或生成强度较高的磷酸钙盐,填充于 MPC 的空隙,促进其强度发展。由于相同浓度的 ADP 的酸性略高于 PDP 溶液,更有利于高强度钙盐的生成,活性指数提升较多。

3.4　本章小结

通过研究赤泥预处理前后的矿物组成、活性指数和可溶性钾钠含量,得出了以下结论:

(1)预处理赤泥的可溶性钾、钠离子含量不同程度地增加,ADP 赤泥中可溶性钾离子增加较少,PDP 赤泥增加较多,增加了 0.58%;ADP 赤泥和 PDP 赤泥中的可溶性钠离子折合的氧化钠含量由 2.28%分别增长至 4.71%和 4.61%,分别提高了 2.43%和 2.33%。

(2)由于方解石与弱酸溶液反应并生成溶解度极低的磷酸钙或磷酸氢钙,酸式磷酸盐处理赤泥过程消耗了大部分可溶性磷酸盐,由掺入干重的 16.67%降低至 2.36%和 2.41%,后续制备 MPC 过程中以干重 2.4%NaH_2PO_4 计算预处理赤泥中的磷酸盐含量。

(3)原状赤泥在 MAPC 和 MKPC 中活性指数分别为 0.57 和 0.52,经过处理后的 ADP 赤泥 MAPC 活性指数为 0.73,PDP 赤泥 MKPC 的活性指数为 0.66。

第4章　氧化铝赤泥基磷酸镁水泥制备及机制研究

本章以预处理赤泥为矿物掺合料,旨在改善 MAPC 和 MKPC 耐水性和经济性的同时,制备出与基准 MPC 物理力学性能相近的具有早硬高强特征的赤泥 MPC,系统研究赤泥掺量变化对 MAPC 和 MKPC 的流动性、力学性能、耐水性等物理力学性能的影响规律和机制,分析赤泥 MAPC 和 MKPC 的共性和特性,得出各自适宜的掺量范围,为实现其工程应用提供技术支持。

4.1　基准组磷酸镁水泥制备

MPC 各组分充分溶解于水后内部各离子间重新组合形成水化产物,重烧 MgO 和 ADP(或 PDP)与水混合后,两者迅速发生酸碱中和反应,生成磷铵(钾)镁盐络合物水化凝胶,而未水化 MgO 颗粒被水化产物包裹并形成一个连续的网络结构体[141-143,82],其中 Mg^{2+} 含量的变化影响 MPC 水化产物产生的速率,从而影响凝结时间,MPC 凝结过程中逐渐失去流动性,因此探究 Mg^{2+} 含量在 MPC 体系中的作用对 MPC 水化进行有着重要作用。

由于 MAPC 和 MKPC 有相似的基本性质,本书采用 MAPC 试配出基本性能满足要求的基准配合比。试验采用镁磷比(重烧 MgO 与磷酸盐质量比,简称 M/P)为 2、2.5、3、3.5、4,水胶比(水与重烧 MgO、磷酸盐质量和之比,简称 W/C)分别为 0.2、0.25、0.3,缓凝剂硼砂掺量为 MgO 质量的 12% 制备出 MPC,通过测定其凝结时间、流动性、力学性能选出最适合本次研究的基准组 MPC 配合比,基准 MPC 的配合比见表 4-1。

表 4-1　基准组 MPC 配合比

W/C	M/P	硼砂
0.2,0.25,0.3	2,2.5,3,3.5,4	12%

4.1.1　镁磷比和水胶比对磷酸镁水泥流动性的影响

图 4-1 为不同 M/P 和 W/C 情况下 MPC 净浆的流动度,M/P 较小时,流动度随重烧 MgO 含量增加而增大,M/P 为 3 时,MPC 体系流动性最佳,随着重烧 MgO 的量继续增多,水泥体系的流动度下降。这是由于当重烧 MgO 含量较少时,所电离出的 Mg^{2+} 少,用于生成的水化产物所消耗的水相对较少,当 M/P 增大时,即 MgO 含量增加,相同的用水量不足以润湿 MgO 颗粒表面,因此流动度急剧减小[93]。与普通硅酸盐水泥相比,MPC 对 W/C 变化具有高度敏感性,因此使用 MPC 时更应该严格控制用水量[144]。

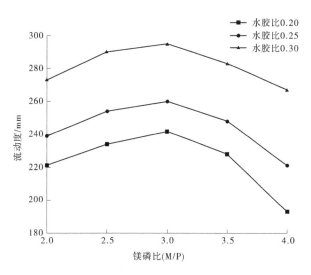

图 4-1　不同 M/P、W/C 的 MPC 流动度

4.1.2　镁磷比和水胶比对磷酸镁水泥凝结时间的影响

不同 M/P 下 MgO 的相对含量不同,Mg^{2+} 的溶出速率也不同,从而影响水泥的水化,不同值下水泥体系的凝结时间如图 4-2 所示。由图 4-2 可知,随着 M/P 的增大,MPC 凝结时间逐渐下降,其中 M/P 小于 3 时,凝结时间下降明显,随后趋于平缓。分析原因当 MgO 含量较少时,可供反应的 Mg^{2+} 较少,因此整体反应缓慢,凝结时间长;随着 MgO 含量增加,析出 Mg^{2+} 增多、反应加快,由于 H^+ 含量有限,当 MgO 持续增多、析出 Mg^{2+} 的速率逐渐到达极限,因此随着 MgO 持续增多,MPC 凝结时间趋于平缓。

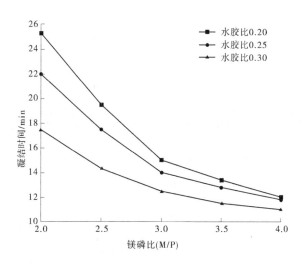

图 4-2　不同 M/P 和 W/C 的 MPC 凝结时间

4.1.3　镁磷比和水胶比对磷酸镁水泥力学性能的影响

由图 4-3 可知,MPC 抗压强度随 M/P 的增大呈先上升后下降的趋势,且随着用水量的增多,强度下降明显,在 M/P 为 3、W/C 为 0.2 时,抗压强度达到最高,为 69.4 MPa,这是由于 W/C 为 0.2 时,拌和物内自由水含量少,固化后由水分蒸发而引起的孔隙数量少,因此基体更加密实,在 M/P 为 3 时,基体内用来电离的 MgO 数量适中,体系中 MgO 都可以电离为 Mg^{2+},促进水化产物生成,结构整体强度高。

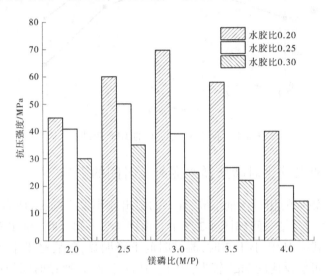

图 4-3　不同 M/P、W/C 的 MPC 28 d 抗压强度

由于相同 M/P 下 W/C 为 0.2 时,MPC 的抗压强度最大,且 M/P 为 2、2.5、3、3.5 时 MPC 流动度均大于 220 mm,流动性能良好;当 M/P 为 3 时,MPC 流动性能达到最佳。结合基准 MPC 凝结时间分析,W/C 为 0.2 时,各组分凝结时间均大于 12 min,M/P 为 3 时,凝结时间为 15 min,此时 MPC 作为修补材料其固化时间适当,因此将 M/P 为 3、W/C 为 0.2 作为 MPC 基准组配合比。

4.2　预处理赤泥对磷酸铵镁水泥性能的影响

为了研究预处理赤泥对 MAPC 的影响,采用 ADP 赤泥等比例取代的方法向基准组 MAPC 中掺入赤泥,表 4-2 为各掺量赤泥 MAPC 配合比。

表 4-2　赤泥 MAPC 配合比

样品	胶凝材料/%	赤泥/%	M/P	W/C	缓凝剂/%
RA-0	100	0	3/1	0.20	12
RA-10	90	10	3/1	0.20	12
RA-20	80	20	3/1	0.20	12

续表 4-2

样品	胶凝材料/%	赤泥/%	M/P	W/C	缓凝剂/%
RA-30	70	30	3/1	0.20	12
RA-40	60	40	3/1	0.20	12

4.2.1　赤泥磷酸铵镁水泥流动性

一般认为原材料的粒径和比例对 MPC 的流动性具有显著的影响。段新勇等[145]发现,MPC 的流动度随着磷酸盐粒径的减小先增加后降低,当磷酸盐的粒径低于 115 μm 时,MPC 的流动度大幅度降低,这可能与磷酸盐粒径减小到一个临界值后水化产物迅速增多有关[45]。吴庆等[146]发现新拌 MPC 砂浆的流动度随着某些矿物掺合料掺量的增加而逐渐降低。温婧等[147]也发现,硅灰的掺入会降低 MPC 砂浆的流动度,其主要机制是矿物掺合料的比表面积较大且形状不规则,会增大胶凝材料之间的摩擦力及水化反应,会消耗更多的自由水;同时矿物掺合料里的活性物质(如 Al_2O_3)与重烧 MgO、磷酸盐发生一系列化学反应,从而消耗体系内的自由水导致 MPC 的流动性大幅降低。

不同配比新拌 MAPC 流动性见图 4-4。未掺赤泥的 MAPC 流动性为各组最佳,流动性达到 242 mm,随着 MAPC 基体内部预处理赤泥的含量增加流动性逐渐降低,RA-10、RA-20、RA-30、RA-40 流动性分别为 230 mm、200 mm、150 mm、90 mm,整体为下降趋势,且下降幅度逐渐增大,RA-10 对比 RA-0 流动性下降了 4.96%,随后下降幅度分别 13.04%、25.0%、40.0%,MAPC 的流动性随着预处理赤泥的增加而降低。其原因是赤泥粒度较小且疏松多孔,处理后赤泥颗粒表面存在许多凹陷(见图 2-4),使其表面积增大、需水量高(90%),且表面孔洞在水的表面张力的作用下吸入部分水,使水分无法从孔洞中释放,造成系统内游离水数量减少,组分颗粒间摩擦力增大,流动性能降低[148]。

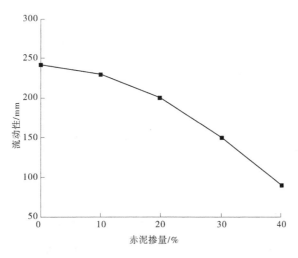

图 4-4　不同赤泥掺量 MAPC 流动性

4.2.2　赤泥磷酸铵镁水泥力学性能

图 4-5 为不同赤泥掺量 MAPC 力学性能。其中,图 4-5(a) 为 MAPC 抗压强度,在图中可知 MAPC 抗压强度随赤泥掺量的增加先下降后上升,加入赤泥后 RA-30 抗压强度达到最高,达到了 64.3 MPa,相对于 RA-0 的 67.4 MPa 强度下降了 4.6%。图 4-5(b) 为赤泥 MAPC 抗折强度,其强度变化规律与抗压强度相似,RA-30 28 d 抗折强度为 12.0 MPa,相对于 RA-0 抗折强度 14.8 MPa 下降了 18.9%,随后随着赤泥掺量持续增多,抗折强度持续下降。这说明活化后赤泥对 MAPC 力学性能具有下降的作用,但强度下降不明显,在 30% 掺量时力学性能最佳,继续增加赤泥掺量强度下降。

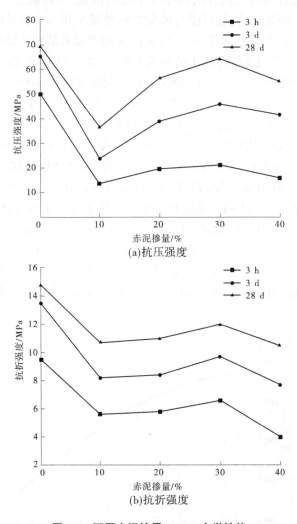

图 4-5　不同赤泥掺量 MAPC 力学性能

掺入赤泥导致 MAPC 强度下降的主要原因有以下几个方面,赤泥的加入使得 RA-10 3 h 强度急剧下降,原因为 RA-10 凝结时间为 8.5 min,RA-0 凝结时间 13 min,过快的凝结时间导致 MAPC 水化产物结晶程度低,因此结构稳定性差,力学性能低,水化 3 d 时

MAPC 强度增加明显,且随着赤泥含量增多,力学性能发展越迅速,说明赤泥早期在基体中作为游离颗粒被水化产物包裹,二者界面明显,赤泥颗粒与水泥基体之间无化学反应。随着龄期增加,处理后赤泥的火山灰效应开始展现,各赤泥掺量 MAPC 水化 28 d 强度较3 d 强度出现不同程度的上升,且随着赤泥掺量的增多,力学性能提升明显,这是由于水化后期赤泥中的方解石、方钠石、三水铝石等矿物与磷酸根离子反应生成具有胶凝性的络合物,或生成强度较高的磷酸钙盐,填充于 MAPC 的空隙,促进其强度发展。

4.2.3　赤泥磷酸铵镁水泥耐水性

MPC 的耐水性较差,由于水泥石固化之后仍存在诸多孔隙,浸水后水从孔隙进入基体内部,与基体内部为完全反应的重烧 MgO 发生反应生成 Mg(OH)$_2$,发生膨胀使结构疏松剥落由内而外发生破坏;以及 MPC 浸水溶液呈酸性,会与鸟粪石反应减少水化产物的量,从而影响力学性能。本次研究采用空气固化 3 d 后转为水养护,通过试验得出各试验组在水养护和空气养护抗压强度的比值(强度保留率)来研究赤泥对 MPC 的耐水性影响。

如图 4-6 所示,MAPC 浸水后强度均有不同程度的下降,其中 RA-0 在水中和空气中养护 28 d 后抗压强度分别为 27.2 MPa 和 69.4 MPa,强度保留率仅为 0.39,在固化后由于其自身水化放热较大,且固化过程中有大量 NH$_3$ 产生,因此 MAPC 基体中存在孔隙,由此可见,在未掺其他组分的情况下,RA-0 的耐水性较差,浸水后强度下降明显;随着赤泥掺量逐渐上升,耐水性呈先上升后下降的趋势,RA-30 强度保留率为 0.77,主要是由于赤泥的活性成分参与水化反应的化学作用以及细小颗粒填补水化晶体间的微集料作用,同时方解石与 ADP 反应生成的磷酸钙也能够在一定程度上改善 MAPC 的耐水性。当赤泥掺量过高时,胶凝材料组分减少,因此水化产物数量不足,无法将赤泥颗粒与基体黏结为整体,孔隙数量增多,耐水性变差。

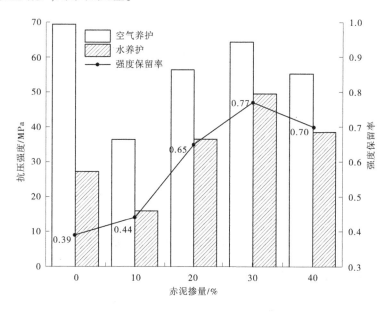

图 4-6　不同赤泥掺量 MAPC 的耐水强度

4.3　预处理赤泥对磷酸钾镁水泥性能的影响

为了研究预处理赤泥对 MKPC 的影响,采用 PDP 赤泥等比例取代的方法向基准组 MKPC 中掺入赤泥,表 4-3 为各掺量赤泥 MKPC 配合比。

表 4-3　赤泥 MKPC 配合比

样品	胶凝材料/%	赤泥/%	M/P	W/C	缓凝剂/%
RK-0	100	0	3/1	0.20	12
RK-10	90	10	3/1	0.20	12
RK-20	80	20	3/1	0.20	12
RK-30	70	30	3/1	0.20	12
RK-40	60	40	3/1	0.20	12

4.3.1　赤泥磷酸钾镁水泥流动性

如图 4-7 所示,MKPC 的流动性随着赤泥掺量的增加逐渐降低,在图 4-7 中 RK-0 流动度从 265 mm 降低到 RK-10 的 230 mm,下降幅度为 13.2%,随着赤泥掺量的增加 MKPC 系统逐渐失去流动性,分析原因与 MAPC 流动性下降原因相似,首先预处理赤泥颗粒表面存在许多凹陷,使其表面积增大,遇水后润湿表面的水分增多,且表面孔洞在水的表面张力的作用下吸入部分水,使水分无法从孔洞中释放,造成系统内游离水数量减少。

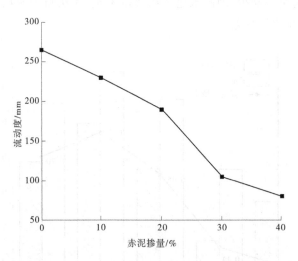

图 4-7　不同赤泥掺量 MKPC 的流动度

4.3.2　赤泥磷酸钾镁水泥力学性能

图 4-8 为不同赤泥掺量 MKPC 力学性能。其中,图 4-8(a) 为 MKPC 抗压强度,由

图 4-8 可知,MKPC 抗压强度随赤泥掺量的增加先上升后下降,RK-10 抗压强度达到最高,强度达到了 47.8 MPa,相对于 RK-0 的 44.1 MPa 强度增加了 8.4%。随着赤泥掺量的增加,力学性能下降,并且 RK-40 较 RK-30 强度下降明显。图 4-8(b) 为赤泥 MKPC 抗折强度,其强度变化规律与抗压强度相似,RK-10 28 d 抗折强度最高为 8.4 MPa,相对于 RK-0 抗折强度 7.8 MPa 上升了 7.7%,随后随着赤泥掺量持续增多,抗折强度持续下降。这说明活化后赤泥对 MKPC 力学性能具有改善的作用,在 10% 掺量时力学性能最佳,继续增加赤泥掺量强度会下降。

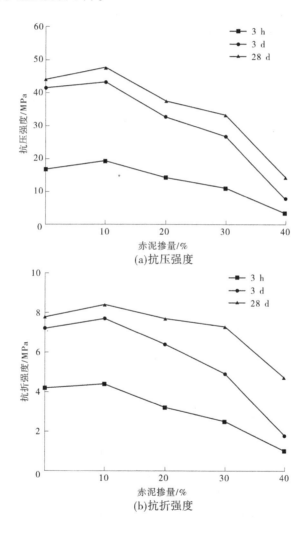

(a)抗压强度

(b)抗折强度

图 4-8　不同赤泥掺量 MKPC 的力学性能

MKPC 刚固化时强度普遍较低,即 3 h 强度较低,基准组 3 h 抗压强度为 16.7 MPa,为 28 d 强度的 37.9%,随着水化进行,3 d 时强度达到 41.5 MPa,已达到 28 d 抗压强度的 94.1%,可见其早期强度高,3 d 强度与 28 d 强度接近。赤泥的加入对 MKPC 早期强度影响不大,随着掺量增加,3 h 强度为先上升后下降趋势且变化不大,水化 3 d 时 RK-0 强度增加明显,但是赤泥组 MKPC 强度增加缓慢,且随着赤泥含量增多,力学性能发展越缓慢,说明赤泥早期在基体中作为游离颗粒被水化产物包裹,二者界面明显,赤泥颗粒与水泥基体之间无化学反应。随着龄期增加,处理后赤泥的火山灰效应开始展现,各赤泥掺量 MKPC 水化 28 d 强度较 3 d 强度出现不同程度的上升,且随着赤泥掺量的增多,力学性能提升明显。由此可知,处理后赤泥对 MKPC 力学性能具有增强作用,且 10% 掺量时力学性能最佳,当赤泥掺量超过 10% 时,MKPC 抗压强度和抗折强度下降。

4.3.3　赤泥磷酸钾镁水泥耐水性

由图 4-9 可以看出,各赤泥掺量的 MKPC 长期浸水后抗压强度均有不同程度的降低,RK-0 水中养护 28 d 后强度保留率为 0.79,RK-10 的强度保留率为 0.80,赤泥掺入后 MKPC 强度保留率逐渐上升,RK-40 强度保留率达到 0.92,说明赤泥的掺入能明显改善 MKPC 的耐水性。RK-20 水养 28 d 的抗压强度与 RK-0 接近,3 h 的力学性能与 RK-0 相差不多,说明相对于 RK-0 和 RK-10、RK-20 更适合用于水工结构的紧急修补工程,这是由于赤泥中富含的铁盐和铝盐,在 MKPC 水化后期形成具有凝胶特性氢氧化铁和氢氧化铝络合物[54],并有利于无定形 Mg-Al-Fe 和 Mg-Al 磷酸盐凝胶的形成[149],能显著提高 MKPC 的密实性、力学性能和水稳性。另外,文献[118]和[150]的研究表明,在水养环境中,赤泥中的偏高岭土、铝硅酸盐、硅酸钙和钙霞石等在水化后期生成水硬性的产物,并释放出 Ca(OH)$_2$ 与孔溶液中的磷酸盐反应生成磷酸钙盐,从而降低了磷酸盐的溶出,提高了 MKPC 的耐水性。

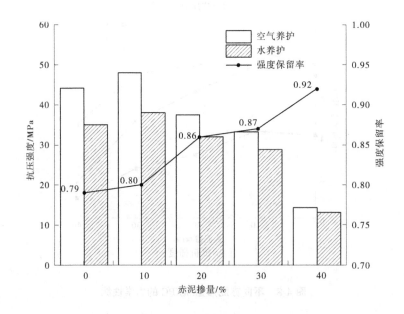

图 4-9　不同赤泥掺量 MKPC 的耐水强度

4.4　磷酸钠盐对赤泥磷酸镁水泥宏观性能的影响

火焰光度计法测得原状赤泥和预处理赤泥的可溶性 Na_2O 含量分别为 2.28% 和 4.61%，化学滴定法测试可溶性 P_2O_5 的含量为 1.44%。由图 3-2 可知，预处理赤泥中有明显的 Na 的衍射峰，故而根据可溶性 Na^+ 和 $H_2PO_4^-$ 的摩尔数小组分，算得预处理赤泥（干重）NaH_2PO_4 的含量为 2.4%，计算可得赤泥改性 MPC 配合比中的 $NaH_2PO_4(Na)$，见表 4-4，其中 Na/P 表示 NaH_2PO_4 含量占磷酸盐总量的质量百分比。由表 4-4 可知，Na/P 随着赤泥掺量的增加而增加。

表 4-4　赤泥改性 MPC 中的 $NaH_2PO_4(Na)$

样品	胶凝材料/%	赤泥/%	Na/g	(Na/P)/%
R-0	100	0	0	0
R-10	90	10	0.24	1.1
R-20	80	20	0.48	2.4
R-30	70	30	0.72	4.1
R-40	60	40	0.96	6.4

纯净 MPC 净浆中存在的物质包括磷酸盐、氧化镁、硼砂，加水溶解后各物质开始水解为离子，包括 H^+、$H_2PO_4^-$、HPO_4^{2-}、Mg^{2+}、NH_4^+ 或 K^+ 等，在水泥水化过程中重组为新物质称其为水化产物，其中 MAPC 和 MKPC 的区别即为使用的磷酸盐种类不同，分别为 ADP 和 PDP，因此 MAPC 和 MKPC 性能的区别在 NH_4^+ 和 K^+ 及其形成的化合物；原生赤泥中的碱性物质一般分为两类：第一类为含有残留氢氧化钠、碳酸钠、碳酸氢钠和铝酸钠的可溶性碱性物质；第二类为铝土矿残留矿物的不溶性碱性物质，如碱石、松麻石、方解石等矿物成分[151-152]，因此赤泥中含有大量可溶性 Na^+，在赤泥活化过程中，可溶性 Na^+ 会与 PO_4^{3-} 反应生成磷酸钠盐等化合物对 MPC 性能产生影响，并且因其含量不同对 MPC 的影响程度也不相同，通过计算磷酸钠盐与 MPC 中的 ADP 或 PDP 的比值即钠磷比（Na/P）来推断钠离子对 MPC 的影响，从而断定预处理赤泥对 MPC 在离子层面的影响机制。

MAPC 中掺入磷酸钠盐后早期抗压强度发展较为缓慢，后期强度增长较快，原因为早期赤泥颗粒并未参与反应，其取代部分 MAPC 导致早期强度下降。水化 28 d 时各掺量 MAPC 强度均有不同程度上升，说明适当的赤泥掺量可以有效提升后期强度，当 MAPC 水化温度到达峰值后，其温度下降的速度较未掺磷酸钠盐时更低，所以后期反应也更充分，均有利于 MAPC 净浆硬化体抗压强度的发展[153]。

MKPC 中掺入磷酸钠盐后，早期强度发展缓慢，且随着赤泥掺量增加逐渐减小，随着水化龄期发展，赤泥中的活性物质开始反应，赤泥 MKPC 后期强度随着磷酸钠盐含量的增加而上升。原因为加入赤泥后磷酸钠盐抑制了 MKPC 浆体早期水化反应速度，使生成的主要水化产物较少,但由于水化产物的生成速度较慢,水化产物晶体生长的完好程度和稳定性提高,得以生长成结晶程度较高和稳定性较好的水化产物晶体,且后期磷酸钠盐还参与了系统的水化反应,改善了硬化结构的致密性,MKPC 强度提高。

4.5 本章小结

(1)通过改变 MPC 净浆中的 M/P 和 W/C,试配出不同性能指标的 MPC 净浆,并测试其早期性能包括凝结时间、流动性及后期强度 28 d 力学性能,选出适合本次研究的性能最优基准组 MPC,通过探讨其固化时间和工作性对工程应用的影响,最终确定基准组配合比为 M/P 为 3、W/C 为 0.2、硼砂含量为重烧 MgO 质量的 12%,测得此时的凝结时间为 15 min,流动度 242 mm,28 d 抗压强度 69.7 MPa。

(2)通过等量取代的方式将预处理赤泥按 0、10%、20%、30%、40%的取代率分别掺入 MAPC 和 MKPC 中,测试其流动性、力学性能和耐水性,结果表明掺入预处理赤泥后 MAPC 和 MKPC 流动性均呈现下降趋势,这是由于赤泥颗粒较细且表面疏松多孔,具有很强的吸水性,导致体系中游离水减少、颗粒间摩擦力增大流动性下降。

(3)MAPC 加入预处理赤泥后,力学性能有少许降低,变化规律呈先下降后上升的趋势,RA-10 时强度急剧下降,随后开始上升,在 RA-30 后继续下降,RA-30 抗压强度为 64.3 MPa,为 RA-0 的 95.4%;MKPC 加入赤泥后力学性能在 RK-10 时最佳,28 d 抗压强度为 47.8 MPa,较 RK-0 的 44.1 MPa 上升了 8.4%,说明赤泥对 MKPC 强度具有改善作用,随着赤泥掺量继续增加强度逐渐下降。

(4)MAPC 中 RA-0 耐水性最低,强度保留率为 0.39,加入各掺量的赤泥后 MAPC 强度保留率均升高并于 RA-30 耐水性最佳,此时强度保留率为 0.77,说明赤泥对 MAPC 耐水性具有改善作用。MKPC 中,RK-10 的强度保留率略高于 RK-0,RK-20 达到 0.86,说明赤泥的掺入能明显改善 MKPC 的耐水性。RK-20 水养 28 d 的抗压强度与基准 RK-0 接近,3 h 的力学性能与 RK-0 相差不多,说明相对于 RK-0 和 RK-10、RK-20 更适合用于水工结构的紧急修补工程,浸水 28 d 后 40%掺量软化系数最高达到 91.6%,说明赤泥的掺入使得 MKPC 耐水性得到提高。

(5)磷酸钠盐掺入到 MAPC 和 MKPC 后,对其早期强度发展无明显促进作用,但对 MPC 后期强度发展有益,且磷酸钠盐在 MAPC 和 MKPC 中 Na/P 分别为 4.1%和 6.4%时对其后期影响最大。对比赤泥 MAPC 和 MKPC 的物理力学性能可知,赤泥 MAPC 的抗压强度和抗折强度高于 MKPC,而耐水性则明显低于赤泥 MKPC,这是由于 MAPC 水化过程中生成的 NH_3 部分固封于硬化结构中,密实度降低,劣化了 MAPC 耐水性能,这在基准 MAPC 中的表现更为显著。

第 5 章　氧化铝赤泥基磷酸镁水泥
水化机制研究

MPC 水化过程的实质是酸碱中和反应,最突出的特点为反应迅速、反应放热量大而且集中,致使水化温度极高,显著制约了 MPC 工程应用的范围。硼砂是最常见的缓凝剂,其溶解生成的 $B_4O_7^{2-}$ 迅速吸附到 MgO 颗粒表面,形成一层以 $B_4O_7^{2-}$ 和 Mg^{2+} 为主的水化产物层,阻碍了 MgO 的溶解以及 K^+、PO_4^{3-} 与 MgO 颗粒的接触,在一定程度上能延缓 MPC 的凝结时间[154]。矿物掺合料取代部分重烧 MgO 和酸式磷酸盐,能够降低拌和物中参与酸碱反应的化合物的量,降低了初期水化溶液的酸度,从而降低了 MgO 的水解速率,改变了 MPC 的水化温度的变化历程。本章在第 4 章物理力学性能研究的基础上,通过凝结时间、水化热测试和 SEM、XRD 及水化反应热力学分析,系统研究赤泥掺量变化对 MAPC 和 MKPC 水化硬化过程、水化产物、水化温度和水化热等的影响,阐明物理力学性能的变化机制。

5.1　预处理赤泥对磷酸铵镁水泥水化机制的影响

5.1.1　赤泥磷酸铵镁水泥凝结时间

图 5-1 为不同赤泥掺量 MAPC 凝结时间。由图 5-1 可知:MAPC 凝结时间随着赤泥掺量的增加先缩短后延长,RA-0 凝结时间为 13 min,RA-10 凝结时间缩短了 34.6%,持续加入赤泥,反应进一步加快,RA-20 凝结时间缩短至 7.5 min,为各掺量最短。这是由于过量的磷酸二氢铵预处理赤泥中富含 H^+,加速了重烧 MgO 的水解和鸟粪石的生成,缩短凝结时间。随着预处理赤泥掺量升高,拌和物中的 ADP 的相对含量降低,重烧 MgO 的水解速度和鸟粪石的生成量降低,当赤泥掺量超过 20% 后,凝结时间随掺量而延长。

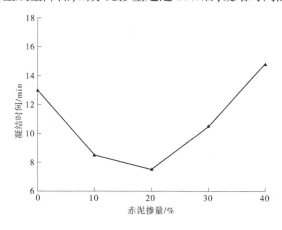

图 5-1　不同赤泥掺量 MAPC 凝结时间

5.1.2　赤泥磷酸铵镁水泥水化热

5.1.2.1　水化温度

图 5-2 为赤泥改性 MAPC 浆体的水化温度变化曲线,水化过程经历了先降温后升温再逐渐降温的过程,水化初期降温阶段的差异不大,之后的升温和降温阶段随着赤泥掺量变化差异较大。RA-0 水化峰值温度为 76.1 ℃,RA-10 的峰值温度较 RA-0 提高了 6.8%,为81.3 ℃,分析原因为 RA-10 相较于 RA-0 凝结时间骤降,因此 MAPC 内部水化反应速率极快且伴随大量热量放出,导致通道内瞬时温度上升极快,随着水化继续进行,RA-10 由于放热成分数量低于 RA-0,后续反应温度下降明显,500 min 时 RA-10 通道温度低于 RA-0,结合 MAPC 力学性能试验结果可以看出,RA-10 由于水化热大导致结构稳定性降低、力学性能下降;随着赤泥掺量的增加,MAPC 的量逐渐减少,水化温度峰值逐渐下降。

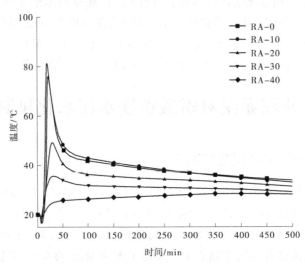

图 5-2　不同赤泥掺量 MAPC 水化温度

5.1.2.2　MAPC 的水化反应热力学分析

热力学主要是从能量转化的观点来研究物质的热性质,它揭示了能量从一种形式转换为另一种形式时遵从的宏观规律,是总结物质的宏观现象而得到的热学理论。表 5-1 为一些材料的热力学性能参数[106,155],根据表 5-1 及相关热力学计算方法得到 MAPC 水化过程及参与反应的各组分的焓变。

表 5-1　一些材料的热力学性能

材料	$\Delta H/(\text{kJ/mol})$
H_2O	−285.8
MgO	−601.6
$NH_4H_2PO_4$	−1 445.1
$NH_4MgPO_4 \cdot 6H_2O$	−3 681.9
Mg^{2+}	−466.9
$H_2PO_4^-$	−1 292.1

MAPC 水化过程具体表现为：MAPC 加水后为反应初始期，此时反应还未进行，ADP 率先溶解成饱和溶液并水解释放出 NH_4^+、H^+、$H_2PO_4^-$、HPO_4^{2-}，水化体系 pH 值下降，由图 5-2 可以看到，MAPC 净浆拌和完成后体系温度下降，此阶段为吸热阶段，如式（5-1）和式（5-2）所示，MAPC 从外界吸收大量热，水化温度曲线出现吸热谷。

$$NH_4H_2PO_4 = NH_4^+ + H_2PO_4^- \quad \Delta H = +19.7 \text{ kJ/mol} \tag{5-1}$$

$$H_2PO_4^- = H^+ + HPO_4^{2-} \quad \Delta H = +4.2 \text{ kJ/mol} \tag{5-2}$$

ADP 通过电离释放出 H^+，整体环境为酸环境，在此环境中重烧 MgO 发生电离反应，进入氧化镁溶解期，如式（5-3）~式（5-6）所示。

$$MgO + H_2O = MgOH^+ + OH^- \tag{5-3}$$

$$MgOH^+ + 2H_2O = Mg(OH)_2 + H_3O^+ \tag{5-4}$$

$$Mg(OH)_2 = Mg^{2+} + 2OH^- \tag{5-5}$$

$$OH^- + H_3O^+ = 2H_2O \tag{5-6}$$

其总反应为

$$MgO + 2H^+ = Mg^{2+} + H_2O \quad \Delta H = -151.1 \text{ kJ/mol} \tag{5-7}$$

重烧 MgO 溶解阶段为放热反应阶段，水化体系中的大量 H^+ 使重烧 MgO 快速溶解并放出大量热，水化放热速率曲线上出现放热峰，此时体系中温度最高。随着 H^+ 的大量消耗，重烧 MgO 溶解速率和放热速率逐渐下降，随即进入 $[Mg(H_2O)_6]^{2+}$ 生成期，MgO 溶解放出的大量热导致式（5-8）的反应很快进行。

$$Mg^{2+} + 6H_2O = [Mg(H_2O)_6]^{2+} \quad \Delta H = +374.5 \text{ kJ/mol} \tag{5-8}$$

可以看到，式（5-8）的反应吸热量较大，导致水化温度下降。与此同时，由于通道存在 20 ℃ 的清水，因此 MgO 释放的部分热量开始被通道内的水吸收，水的吸热方程如式（5-9）所示。

$$Q = Cm\Delta t \left[Q = 4.2 \text{ kJ/(kg·℃)} \cdot 0.3 \text{ kg} \cdot \Delta t \right] \tag{5-9}$$

此时 MAPC 浆体逐渐失去流动性，水化体系中的水化产物晶核联结形成大量薄片状的六水磷酸铵镁晶体并逐渐生长。水化 20 min 之后进入 $NH_4MgPO_4·6H_2O$ 的大量生成期，生成水化产物的反应式为

$$[Mg(H_2O)_6]^{2+} + HPO_4^{2-} + NH_4^+ = NH_4MgPO_4·6H_2O + H^+ \quad \Delta H = -449.3 \text{ kJ/mol} \tag{5-10}$$

此阶段为 MAPC 水化第二放热阶段，热量重新释放，并且水化反应迅速，各阶段间隔时间短，并且水化产物形成与式（5-8）具有同时性，因此放热第二阶段释放的热量一部分被吸收，并且通道中的水持续吸热，因此通道内温度继续降低但降低速率变缓，直至达到平衡。

5.1.2.3　赤泥 MAPC 的水化热

图 5-3 为赤泥改性 MAPC 水化 100 h 的放热总量。由图 5-3 可知，RA-10 早期放热量最高且放热量增长速率最快，10 h 时放热量达到 37.3 kJ，RA-0 放热量为 34.9 kJ，水化 10 h 后二者放热量增长速率开始不同，RA-0 放热速率逐渐升高，RA-10 放热增长速率开始降低，原因根据赤泥对 MAPC 凝结时间及对 MAPC 水化温度的分析来看，其放热量变

化趋势、凝结时间与水化温度密切相关,早期水化中由于赤泥的加入造成硼砂被吸附,因此缓凝剂缓凝效果变差,MAPC 固化反应加快凝结时间缩短,因此 RA-10 水化反应迅速,放热速率及放热量均大于 RA-0,随着水化的进行,反应速率逐渐开始降低,二者水化温度及总放热量逐渐接近。直至水化后期 RA-0 由于水泥组分在水泥净浆中占比高可反应放热组分多,最终在 40 h 后 RA-0 放热量超过 RA-10。

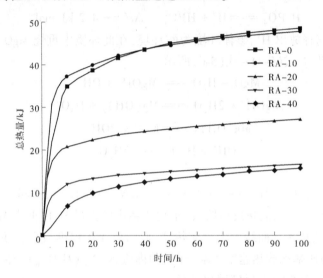

图 5-3　不同赤泥掺量 MAPC 累计放热量

随着水化进行,累计热量不断增加,100 h 时基准组 MPC 累计放热量达到 48.5 kJ,RA-10 总放热量为 47.7 kJ,其余各赤泥掺量试验水化放热速率随着胶凝材料含量的降低逐渐减少,100 h 时各掺量放热总量分别为 27.2 kJ、16.6 kJ 和 15.7 kJ,因此同时伴随着赤泥取代 MAPC 的比率上升,放热量逐渐降低。

已知 ADP 相对分子质量为 115 g/mol,重烧 MgO 的相对分子质量为 40.3 g/mol,水的相对分子质量为 18 g/mol,由此计算 MAPC 理论放热值。MAPC 中反应各阶段方程及熵变如表 5-2 所示,通过计算可知每一组中重烧 MgO、磷酸盐、水的质量和物质的量如表 5-3 所示。

表 5-2　MAPC 反应方程及热量变化

反应方程式	反应熵变
$NH_4H_2PO_4 \Longrightarrow NH_4^+ + H^+ + HPO_4^{2-}$	$\Delta H = +23.9 \text{ kJ/mol}$
$MgO + 2H^+ \Longrightarrow Mg^{2+} + H_2O$	$\Delta H = -151.1 \text{ kJ/mol}$
$Mg^{2+} + 6H_2O \Longrightarrow [Mg(H_2O)_6]^{2+}$	$\Delta H = +374.5 \text{ kJ/mol}$
$[Mg(H_2O)_6]^{2+} + HPO_4^{2-} + NH_4^+ \Longrightarrow NH_4MgPO_4 \cdot 6H_2O + H^+$	$\Delta H = -449.3 \text{ kJ/mol}$

表 5-3　MAPC 各组原材料的量和累计放热

样品	质量/g			物质的量/mol			MAPC 理论放热量/kJ	MAPC 实际放热量/kJ
	MgO	磷酸盐	水	MgO	磷酸盐	水		
RA-0	203.5	67.8	54.3	5.05	0.59	3.01	52.5	48.5
RA-10	184.4	61.5	54.3	4.58	0.53	3.01	47.2	47.7
RA-20	165.1	55.0	54.3	4.10	0.48	3.01	42.7	27.2
RA-30	145.5	48.5	54.3	3.61	0.42	3.01	37.4	16.6
RA-40	125.6	41.9	54.3	3.12	0.36	3.01	32.0	15.7

根据表 5-3 可知,350 g RA-0 MAPC 中重烧 MgO、ADP 和水的质量分别为 203.5 g、67.8 g、54.3 g,因此对应的摩尔质量分别为 5.05 mol、0.59 mol、3.01 mol,将各物质的摩尔质量代入 MAPC 反应方程中,经计算得出 RA-0 累计放热量为 52.5 kJ,其余各组理论放热量分别为 47.2 kJ、42.7 kJ、37.4 kJ、32.0 kJ,其中 RA-10 的水化总放热量实测值高于理论值,主要原因是水化峰值温度较高,使得瞬时温度及放热量过大,随后测量时在此基础上进行叠加,导致数据偏大于理论数据。随着赤泥掺量的增加,实测值下降幅度高于理论值,一方面是由于赤泥颗粒具有吸水性,体系中大量 $NH_4H_2PO_4$ 溶液被吸收,导致体系中反应的磷酸盐不足,H^+ 含量降低致使大量重烧 MgO 无法溶解,且 MAPC 水化伴随大量水分蒸发,导致反应程度不足,所释放的热量明显低于实测值。另一方面随着赤泥掺量的提高,NaH_2PO_4 相对含量增加,其中 RA-40 的 Na/P 达到 6.4%,NaH_2PO_4 参与 MAPC 水化是放热量仅为 $NH_4H_2PO_4$ 的 37.8%[156],同时 NaH_2PO_4 是具有负溶解热的低温无机相变材料,其溶解时吸收大量热量[153],导致 RA-20、RA-30 和 RA-40 的累计水化热低于实测值,理论值与实测值的差距随着赤泥掺量的增加而加大。

5.1.3　赤泥磷酸铵镁水泥水化产物

图 5-4 为 MAPC 基准组 RA-0 水化 3 h、3 d、28 d 的 XRD 图谱,可以看出硬化 MAPC 的主要矿物组成为未水化 MgO 和 $NH_4MgPO_4 \cdot 6H_2O$,由于鸟粪石的结晶度不高,特征峰强度相对较低。随着水化龄期的增长,鸟粪石的特征峰强度提高,未水化的 MgO 特征峰强度降低,说明水化早期 MAPC 硬化结构中存在大量 MgO 颗粒,其中一部分作为晶核以供水化产物附着;另一部分自由填充于孔隙中存在于体系中,伴随着鸟粪石的形成和 H^+ 释放重新参与水化反应,鸟粪石生成量和结晶度提高,其衍射峰强度出现小幅提高。

图 5-5 和图 5-6 分别为 RA-30 不同水化龄期和赤泥掺量 MAPC 水化 28 d 的 XRD 分析。由图 5-5 可知,RA-30 的 XRD 衍射最高峰为未水化 MgO,其次为水化产物 $NH_4MgPO_4 \cdot 6H_2O$,且随着龄期增加重烧 MgO 衍射峰明显降低,水化产物衍射峰上升。由图 5-6 可知,随着赤泥掺量增加 MAPC 数量减少,因此重烧 MgO 和 $NH_4MgPO_4 \cdot 6H_2O$ 的峰值下降。并未发现明显的预处理赤泥衍射峰,其原因为赤泥的颗粒均匀分散于水化产物和氧化镁颗粒之间,被水化产物包裹或隔离,因而未能观察到明显的衍射峰。

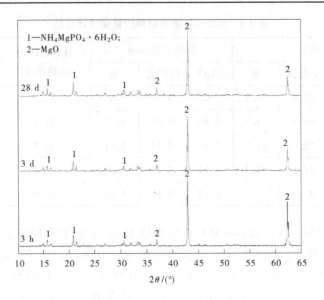

图 5-4　RA-0 不同龄期 XRD 分析

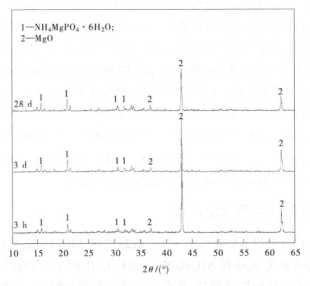

图 5-5　RA-30 不同龄期 XRD 分析

5.1.4　赤泥磷酸铵镁水泥微观结构

　　扫描电镜试验(scanning electron microscope, SEM)选取的样品均取自空气养护。分别对基准 MAPC 和赤泥 MAPC 进行微观取样,研究 MAPC 水化过程中鸟粪石形貌变化和各龄期下赤泥颗粒与 MAPC 基体界面形貌。

　　早期 MAPC 水化产物生成较快,MAPC 凝结硬化后开始生成,此时水化产物仅围绕 MgO 颗粒而形成单一片状,整体结构连接较为疏散,水化反应主要在 MgO 颗粒、磷酸二氢铵晶体及游离水三者交界处进行,MgO 颗粒的空隙中存在充足的游离水,离子的迁移难度相对较小,水化反应处于水化产物加速生成期,水化产物晶体快速成长,MAPC 具有一

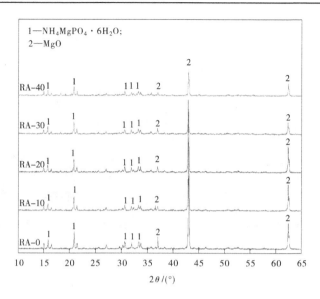

图 5-6　不同赤泥掺量 MAPC 28 d XRD 分析

定的抗压强度。

　　图 5-7(a)中水化产物为方形、柱状颗粒,均为残余 MgO。在这些粒子的周围,可以看到不规则形状的鸟粪石晶体。在 3 d、28 d,如图 5-7(b)、(c)所示,可观察到的微裂纹和微孔减少,微观结构致密。在 MPC 中,硬化阶段非常短,反应非常强烈。因此,试件在早期形成了一些裂纹和孔隙,在较长水化龄期时减少。之后反应基本上达到平衡,水化进入稳定期,水化体系中的鸟粪石继续生长并逐渐填充水化产物晶体间的空隙,堆叠的片状晶体结构逐渐形成一个整体变为尺寸更大的晶体结构。此时水化体系中剩余水极少,MAPC 的温度已降至室温,大量剩余的 MgO 颗粒被鸟粪石晶体包裹,无法与 ADP 发生反应,整体水化反应的速率大幅下降。

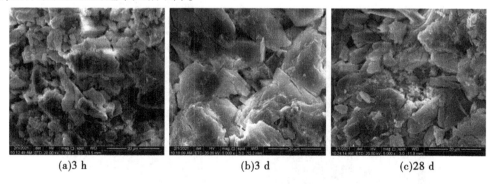

(a)3 h　　　　　　　　(b)3 d　　　　　　　　(c)28 d

图 5-7　RA-0 水化 3 h、3 d、28 d 的 SEM 图片

　　图 5-8 为 RA-30 水化 3 h、3 d、28 d 微观形貌,由图 5-8 可知在水化早期 MAPC 结构较为松散,如图 5-8(a)所示,此时水化产物多为单一独立片状鸟粪石存在,MAPC 整体结构连接不紧密,水泥水化不完全,并且水泥被赤泥取代胶凝材料量减少,此时赤泥颗粒仅被水泥基体包裹,二者还未发生反应,此时赤泥颗粒仅起到填充作用,因此在赤泥掺量较高时,MAPC 早期强度发展较为缓慢。随着水化的进行,单一水化产物逐渐搭接契合为整

体,基体与赤泥包裹更加紧密,在微观电镜下观察到一些小柱状的晶体,可能为赤泥和磷酸盐形成的新水合物,在图 5-8(c)中观察到许多球形、不规则的颗粒,它们广泛分布在结构表面,这些是残留的赤泥和一些新水化产物。

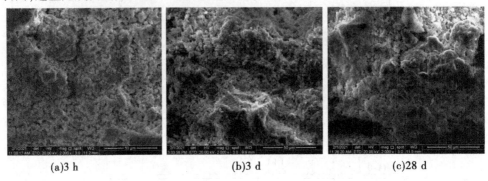

|(a)3 h|(b)3 d|(c)28 d|

图 5-8　RA-30 水化 3 h、3 d、28 d 的 SEM 图片

图 5-9 为 RA-10、RA-20、RA-30 和 RA-40 水化 28 d 的微观形貌,未观察到明显的赤泥的水化产物。结合图 5-9(a)、(b)可以看出,RA-10、RA-20 水化产物中鸟粪石的量和结晶度均显著较低。图 5-9(c)、(d)RA-30 和 RA-40 的 SEM 图片中水化产物堆积密实,表面出现少许絮状产物,且阻断了 MAPC 水化产物网络的连续性,因此 RA-40 强度降低。

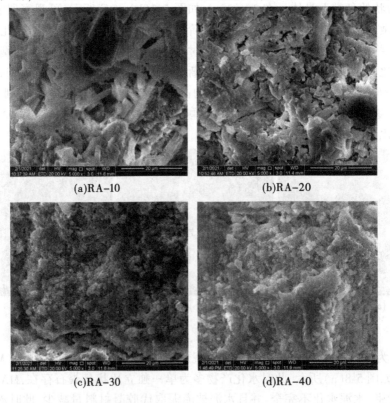

|(a)RA-10|(b)RA-20|
|(c)RA-30|(d)RA-40|

图 5-9　赤泥改性 MAPC 28 d 的 SEM 图片

5.2　预处理赤泥对磷酸钾镁水泥水化机制的影响

5.2.1　赤泥磷酸钾镁水泥凝结时间

图 5-10 为赤泥对 MKPC 凝结时间的影响。由图 5-10 可知,RK-0 凝结时间为 9.5 min,随着赤泥掺量的增加,MKPC 净浆试件的凝结时间逐渐增加,当赤泥添加量为 40% 时,MKPC 净浆试件从 9.5 min 增加到 14.5 min。这是由于赤泥一方面降低了 MKPC 初期水化的重烧 MgO 和 KH_2PO_4 的总量,拌和物液相的酸度降低,导致重烧 MgO 的溶解和水化反应速率降低;另一方面细小的赤泥颗粒增加了水化产物之间胶凝联结的间距,延长了凝结时间;再者,赤泥中的石英、方解石等延长了 MKPC 的固化特性,凝结时间增加,这与文献[72]和[157]研究结果类似。

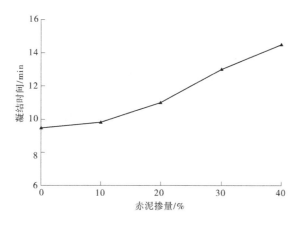

图 5-10　不同赤泥掺量 MKPC 凝结时间

5.2.2　赤泥磷酸钾镁水泥水化热

5.2.2.1　水化温度

图 5-11 为赤泥改性 MKPC 浆体的水化温度曲线,水化过程同样经历了先降温后升温再逐渐降温的过程,水化初期降温阶段的差异不大,之后的升温和降温阶段随着赤泥掺量变化差异较大。RK-0 在降温后迅速升温而后迅速降温,随着赤泥掺量的增加,升温速率和降温速率均逐渐降低。由图 5-11 可知,MKPC 水化的峰值温度随赤泥掺量的增加而升高,达到峰值温度的水化时间相应延长。其中,RK-0 在水化 22 min 时达到峰值水化温度 71.3 ℃,而 RK-40 则在水化 253 min 时达到峰值温度 31.2 ℃,因此赤泥改性 MKPC 的凝结时间随着赤泥掺量的增加而延长。RK-10 在水化 48 min 时峰值温度为 59.0 ℃,较 RK-0 降低了 12.3 ℃,结合 MKPC 力学性能,试验结果可以得出,适宜掺量的赤泥能够在改善 MKPC 物理力学性能的同时,有效降低水化峰值温度,缓解由于水化温升带来的体积稳定性问题[82]。Wang 等[81]发现镍渣降低了 MPC 浆体的水化温度和速度,与本试验

中赤泥改性 MKPC 的研究结果基本一致,这是由于矿物掺合料取代了部分 MgO 和酸式磷酸盐,降低了初期水化溶液的酸度,从而降低了 MgO 的水解速率,改变了 MKPC 的水化温度的变化历程。

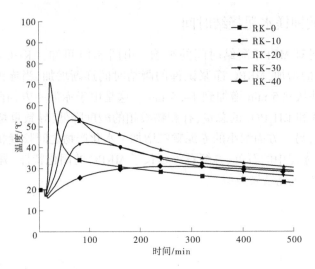

图 5-11　不同赤泥掺量 MKPC 水化温度

5.2.2.2　赤泥 MKPC 的水化热

图 5-12 为赤泥改性 MKPC 水化 100 h 的放热总量,由图 5-12 可知,MKPC 在水化 5 h 内累计水化热增幅最快,并随着赤泥掺量的增加,水化总量和上升速率而降低,RK-0 水化 5 h 累计水化热达到 31.4 kJ,为其总放热量的 73.2%;RK-10 水化 5 h 累计水化热达到 27.4 kJ,为其总放热量的 70.6%;而 RK-40 水化 5 h 累计水化热仅为 8.5 kJ,为其总放热量的 61.6%,说明赤泥的掺入能够有效缓解 MKPC 的集中发热问题。水化 5~10 h 阶段,MKPC 的累计水化热均经历了非线性上升过程,本过程所经历的时间随着赤泥掺量的增加而增加,RK-0 仅为 6 h,RK-10 为 7 h,而 RK-40 则达到 10 h。MKPC 水化 10~100 h 的累计水化热仅有小幅提升。

由图 5-12 可知,MKPC 放热总量随赤泥掺量的增加而降低。RK-0 水化 100 h 累计放热 42.9 kJ,RK-10 水化 100 h 放热 38.8 kJ,相较于 RK-0 降低了 9.6%,RK-20、RK-30、RK-40 总热量分别为 32.3 kJ、23.5 kJ、13.8 kJ,造成上述结果的主要原因是预处理赤泥替代了 MKPC,水泥含量降低导致放热组分减少。

5.2.2.3　MKPC 的水化反应热力学分析

对 MKPC 累计放热量进行理论分析,MKPC 的水化过程释放的总热量依据水化热方程式计算(见表 5-4),根据水化热测试中参与水化的重烧 MgO 和 PDP 的质量和摩尔质量计算得出的理论和实测累计水化热见表 5-5。由表 5-4 可知,MKPC 水化过程中存在 2 个吸热阶段和 2 个放热阶段,其中磷酸盐溶解及 Mg^{2+} 水解生成络合物的过程为吸热阶段,重烧 MgO 溶解阶段和水化产物形成阶段为放热阶段,根据表 5-4 反应方程式结合表 5-5 中各原材料的摩尔质量对 MKPC 水化放热量理论进行解析。

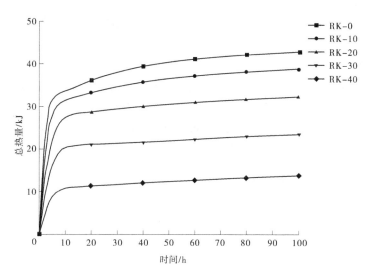

图 5-12　不同赤泥掺量 MKPC 累计放热

表 5-4　MKPC 反应方程及热量变化

反应方程式	反应焓变
$KH_2PO_4 \Longrightarrow K^+ + H^+ + HPO_4^{2-}$	$\Delta H = +30.4 \ kJ/mol$
$MgO + 2H^+ \Longrightarrow Mg^{2+} + H_2O$	$\Delta H = -151.1 \ kJ/mol$
$Mg^{2+} + 6H_2O \Longrightarrow [Mg(H_2O)_6]^{2+}$	$\Delta H = +374.5 \ kJ/mol$
$[Mg(H_2O)_6]^{2+} + HPO_4^{2-} + K^+ \Longrightarrow KMgPO_4 \cdot 6H_2O + H^+$	$\Delta H = -372.6 \ kJ/mol$

表 5-5　MKPC 各组原材料的量和累计放热

样品	质量/g			物质的量/mol			MKPC 理论放热量/kJ	MKPC 实际放热量/kJ
	MgO	磷酸盐	水	MgO	磷酸盐	水		
RK-0	203.5	67.8	54.3	5.05	0.50	3.01	41.7	42.9
RK-10	184.4	61.5	54.3	4.58	0.45	3.01	37.5	38.8
RK-20	165.1	55.0	54.3	4.10	0.40	3.01	33.4	32.3
RK-30	145.5	48.5	54.3	3.61	0.36	3.01	30.0	23.5
RK-40	125.6	41.9	54.3	3.12	0.31	3.01	25.9	13.8

根据表 5-5 可知,350 g 基准组 MKPC 中重烧 MgO、PDP 和水的质量分别为 203.5 g、67.8 g、54.3 g,对应的摩尔质量分别为 5.05 mol、0.50 mol、3.01 mol,将各物质的摩尔质量代入 MKPC 反应方程中,经计算得出 RK-0 累计放热量为 41.7 kJ,其余各组理论放热量分别为 37.5 kJ、33.4 kJ、30.0 kJ、25.9 kJ,其中 RK-0 和 RK-10 的水化总放热量实测值高于理论值,主要原因是水化峰值温度较高,部分水分蒸发后冷凝于保温广口瓶内壁,

在计算水化总热量时这部分水分仍根据 $Q=Cm\Delta t$ 所致。随着赤泥掺量的增加,实测值下降幅度高于理论值,一方面是由于赤泥颗粒具有吸水性,体系中大量游离水被赤泥吸收,其中包含 KH_2PO_4 溶液,导致体系中反应的磷酸盐不足,H^+ 含量降低致使大量重烧 MgO 无法溶解,整体反应程度降低,所释放的热量明显低于实测值。另一方面随着赤泥掺量的提高,NaH_2PO_4 相对含量增加,其中 RK-40 的 Na/P 达到 6.4%,NaH_2PO_4 参与 MPC 水化是放热量仅为 KH_2PO_4 的 50%[156],同时 NaH_2PO_4 是具有负溶解热的低温无机相变材料,其溶解时吸收大量热量,导致 RK-20、RK-30 和 RK-40 的累计水化热低于实测值,理论值与实测值的差距随着赤泥掺量的增加而加大。

5.2.3　赤泥磷酸钾镁水泥水化产物

图 5-13 为 MKPC 基准组 RK-0 水化 3 h、3 d、28 d 的 XRD 图谱,可以看出硬化 MKPC 的主要矿物组成为未水化 MgO 和 $KMgPO_4 \cdot 6H_2O$,由于鸟粪石的结晶度不高,特征峰强度相对较低。随着水化龄期的增长,鸟粪石的特征峰强度提高,未水化的 MgO 特征峰强度降低,说明水化早期 MKPC 硬化结构中存在大量 MgO 颗粒,其中一部分作为晶核以供水化产物附着;另一部分自由填充于孔隙中存在于体系中,伴随着鸟粪石的形成和 H^+ 释放重新参与水化反应,鸟粪石生成量和结晶度提高,其衍射峰强度出现小幅提高。

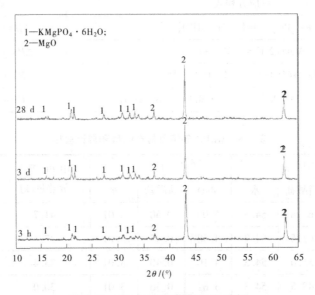

图 5-13　RK-0 不同龄期 XRD 分析

图 5-14 为 RK-10 的 3 h、3 d、28 d 的 XRD 图谱,与 RK-0 相比无明显差异,未观察到明显的赤泥及其水化产物的衍射峰。图 5-15 为不同赤泥掺量 MKPC 水化 28 d 的 XRD 图谱,随着赤泥掺量增加,MKPC 的量减少,因此重烧 MgO 和 $KMgPO_4 \cdot 6H_2O$ 的峰值下降,均未发现明显的预处理赤泥衍射峰,其原因是赤泥的颗粒均匀分散于水化产物和氧化镁颗粒之间,被水化产物包裹或隔离,这与文献[96]的研究结果基本一致。

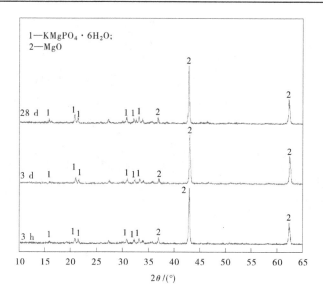

图 5-14　RK-10 不同龄期 XRD 分析

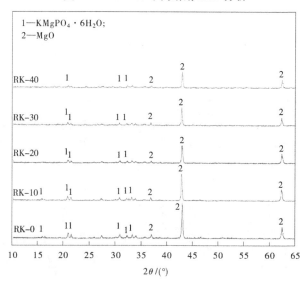

图 5-15　不同赤泥掺量 MKPC 28 d XRD 分析

5.2.4　赤泥磷酸钾镁水泥微观结构

图 5-16 为 MKPC 基准组 RK-0 水化 3 h、3 d、28 d 的微观形貌,由图 5-16(a)可知,MKPC 水化 3 h 时已经出现未水化 MgO 和未见明显结晶的鸟粪石,可见明显的孔隙结构和水化产物间的裂隙。MKPC 水化 3 h 的水化产物仍以未水化 MgO 为基体,鸟粪石从无定型体生长为短柱状细小结构,两者之间包裹程度提高但仍存在孔隙。水化 28 d 后 MKPC 的水化产物由微细短柱晶体结晶完善的柱状晶体,水化产物之间相互搭接、包裹紧密。

图 5-17 为 10%赤泥掺量 MKPC 各龄期微观结构。由图 5-17(a)可知,RK-10 水化 3 h 时,观察区域可见未水化 MgO、赤泥颗粒和少量无定型鸟粪石结构,赤泥被水化产物包

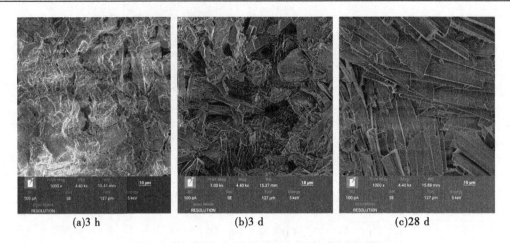

(a)3 h　　　　　　　　(b)3 d　　　　　　　　(c)28 d

图 5-16　RK-0 水化 3 h、3 d、28 d 的 SEM 图片

裹,存在明显的界面,由于预处理赤泥的水化活性较低,赤泥作为填充物提高了 MKPC 的密实程度;RK-10 水化 3 d 后水化产物未有明显变化,仍有大量未水化 MgO,而鸟粪石多为立方体结构且表面黏附少许无定型产物和粒径较细的赤泥颗粒,水化结构的密实度提高。由图 5-17(c)可知,RK-10 28 d 水化产物中鸟粪石结晶完整,与 RK-0 28 d 的鸟粪石结构相比晶状体尺寸明显减小,赤泥颗粒黏结于水化产物之间,硬化结构较为致密,因而力学性能得到改善。

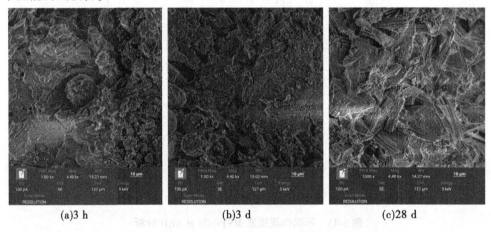

(a)3 h　　　　　　　　(b)3 d　　　　　　　　(c)28 d

图 5-17　RK-10 水化 3 h、3 d、28 d 的 SEM 图片

　　图 5-18 为 RK-20、RK-30 和 RK-40 水化 28 d 的微观形貌,均未观察到明显的赤泥的水化产物。结合图 5-16(c)和图 5-17(c)可以看出,随着赤泥掺量的增加,鸟粪石的量和结晶度均显著降低,赤泥颗粒填充于鸟粪石和未水化 MgO 周围,MKPC 的致密度逐步提高。图 5-18(c)中 RK-40 的 SEM 图片中赤泥颗粒堆积密实,表面出现少许絮状产物,且阻断了 MKPC 水化产物网络的连续性,因而 RK-40 的力学性能显著降低,耐水性则略有改善。

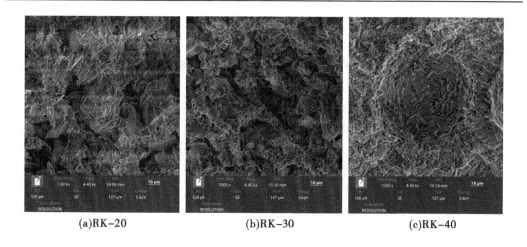

|(a)RK-20|(b)RK-30|(c)RK-40|

图 5-18　赤泥改性 MKPC 28 d 的 SEM 图片

5.3　磷酸钠盐对赤泥磷酸镁水泥凝结硬化的影响

火焰光度计法测得原状赤泥和预处理赤泥的可溶性 Na_2O 含量分别为 2.28% 和 4.61%，化学滴定法测得预处理赤泥可溶性 P_2O_5 的含量为 1.44%。由图 3-2 可知，预处理赤泥中有明显的 NaH_2PO_4 的衍射峰，故而根据可溶性 Na^+ 和 $H_2PO_4^-$ 的摩尔数小的组分，计算得出预处理赤泥(干重)中 NaH_2PO_4 折合含量为 2.4%，根据赤泥 MAPC 和 MKPC 配合比中可得 NaH_2PO_4(Na) 含量见表 5-6，其中 Na/P 表示 NaH_2PO_4 含量占磷酸盐总量的质量百分比。由表 5-6 可知，Na/P 随着赤泥掺量增加而增加。

表 5-6　赤泥改性 MAPC 和 MKPC 中的 NaH_2PO_4 相对含量

Batch	(M+P)/%	RM/%	Na/%	(Na/P)/%
RA-0, RK-0	100	0	0	0
RA-10, RK-10	90	10	0.24	1.1
RA-20, RK-20	80	20	0.48	2.4
RA-30, RK-30	70	30	0.72	4.1
RA-40, RK-40	60	40	0.96	6.4

结合 MAPC 和 MKPC 力学性能试验数据可知，由于磷酸钠盐的参与，MPC 的早期抗压强度发展较为缓慢，后期强度增长较快，这是由于早期赤泥颗粒并未参与反应导致其强度下降，28 d 力学强度均有不同程度上升。其中 RA-30(Na/P=4.1%) 后期强度发展较快，MAPC 的 3~28 d 抗压强度增幅为 40.1%；赤泥掺量过大时，NaH_2PO_4 的含量增加，赤泥 MAPC 力学性能降低，说明适宜的磷酸钠盐可以有效提高 MAPC 力学性能。由 MAPC 和 MKPC 力学性能的试验结果可以看出，随着赤泥掺量增加，NaH_2PO_4 含量相应增加也

能够改善 MPC 的耐水性,这说明磷酸钠盐的掺入可显著改善 MPC 浆体水化产物晶体的结晶程度及微裂缝,从而提高 MPC 硬化体的水稳定性。

磷酸钠盐的掺入可以在一定程度上延长 MPC 净浆浆体的凝结时间,磷酸钠盐是一种具有负溶解热的低温无机相变材料,其溶解时吸收大量热量,且随着磷酸钠盐含量的增加,其初始水化温度降低,因此磷酸钠盐的降温作用对浆体凝结时间有着显著的延缓作用,赤泥掺量增加后 MAPC 和 MKPC 凝结时间均得到延长。ADP、DPD 和 NaH_2PO_4 的 pH 值大小为 ADP<PDP≈NaH_2PO_4,因而 ADP 水泥体系酸度最高,重烧 MgO 溶解速度最快,PDP 和 NaH_2PO_4 的水泥体系的 MgO 溶解速度相似,由于各体系中重烧 MgO 的溶解度不同,使其水泥体系水化的放热速率和放热量不同[156],相比之下 MAPC 相对于 MKPC 反应更加剧烈,MKPC 性能更为稳定。且 NaH_2PO_4 参与 MPC 水化是放热量仅为 PDP 的 50.0%,仅为 ADP 的 37.8%,使用 NaH_2PO_4 取代 ADP 与 PDP 后 MAPC 与 MKPC 水化放热值均出现不同程度的下降,赤泥的加入有效改善了 MPC 放热集中且剧烈的问题。通过试验研究发现,MAPC 中 NaH_2PO_4 含量为 4.1% 即赤泥掺量为 30% 时,MKPC 中 NaH_2PO_4 含量为 1.1%,即赤泥掺量为 10% 时性能最佳。

5.4　本章小结

(1)低掺量时预处理赤泥可以加快 MAPC 水化速率,降低凝结时间,赤泥掺量 20% 时凝结时间最短,为 7.5 min,随后赤泥增多凝结时间延长,直至 40% 掺量时预处理赤泥可以对 MAPC 起到缓凝作用,此时凝结时间为 14.8 min,较基准组 MAPC 凝结时间延长了 13.8%。预处理赤泥对 MKPC 可以起到缓凝作用,且随着掺量增加凝结时间逐渐延长,40% 掺量时凝结时间为 14.5 min。

(2)10% 赤泥掺量时 MAPC 水化放热温度峰值最高,为 81.3 ℃,赤泥持续增加,MAPC 水化放热峰降低;MKPC 随着赤泥的增加,放热峰持续降低。MPC 中加入预处理赤泥后水化总热量均降低,预处理赤泥对 MPC 水化放热具有抑制作用。

(3)MPC 矿物组成为未水化 MgO 和水化产物,随着龄期增加,MgO 参与反应数量增多,衍射峰降低,加入赤泥后无明显赤泥矿物衍射峰,可能是赤泥颗粒被水化产物包裹,并未发现明显衍射峰。随着龄期的发展,MPC 水化产物由不定型分散状转变为立方体结构且相互连接紧密,赤泥颗粒由早期被水化产物包裹,到后期参与 MPC 水化反应融为一体。

(4)磷酸钠盐是具有负溶解热的低温无机相变材料,其溶解时吸收大量热量,加入 MAPC 和 MKPC 后浆体的初始水化温度明显较未掺的低,因此在低温作用下 MPC 水化硬化反应均出现延缓作用。

(5)对比赤泥 MAPC 和 MKPC 的水化反应过程、水化热和水化反应热力学分析可知,当 ADP 和 PDP 水溶液浓度相同时,ADP 水溶液的 pH 值较低,与重烧 MgO 反应更为迅速,放热也相应更为集中,MAPC 的水化峰值温度和水化热高于 MKPC。

第 6 章 赤泥 MPC 修补砂浆制备技术及机制研究

本章以预处理赤泥为矿物掺合料,以赤泥 MPC 为胶凝材料,系统研究赤泥掺量、水胶比、砂胶比和骨料种类对 MPC 修补砂浆的流动性、力学性能、耐水性及毛细吸水特征等物理力学性能的影响,优化配合比参数,制备出物理力学性能满足《磷酸镁修补砂浆》(JC/T 2537—2019)要求的赤泥 MPC 修补砂浆,为实现其工程应用提供技术支持。进一步通过毛细吸水试验,明晰赤泥 MPC 修补砂浆的毛细水分传输特征和毛细孔隙率与耐水性的关系,阐明其耐水性的退化机制,并提出改性措施。

6.1 赤泥掺量对 MPC 修补砂浆物理力学性能的影响

本试验选取的赤泥掺量 $w = 0$、5%、10%、15%、20%、25%,水胶比为 0.20,缓凝剂 $w = 12\%$,砂胶比为 1.0,各掺量赤泥 MPC 修补砂浆配合比见表 6-1。

表 6-1　不同赤泥掺量 MPC 修补砂浆配合比

编号	胶凝材料/%	赤泥/%	M/P	水胶比	缓凝剂/%	砂胶比
R0	100	0	3/1	0.20	12	1.0
R5	95	5	3/1	0.20	12	1.0
R10	90	10	3/1	0.20	12	1.0
R15	85	15	3/1	0.20	12	1.0
R20	80	20	3/1	0.20	12	1.0
R25	75	25	3/1	0.20	12	1.0

6.1.1 赤泥掺量对 MPC 修补砂浆凝结时间和流动性的影响

由图 6-1 可知,MPC 修补砂浆凝结时间随着赤泥掺量的增加而增加,R0 凝结时间为 10.5 min,R25 凝结时间延长至 12.3 min,各赤泥掺量 MPC 修补砂浆的凝结时间相对 R0 分别延长了 4.8%、5.7%、9.5%、16.2%、18.1%。这是由于随着预处理赤泥掺量的增加,新拌混合物中的磷酸盐含量降低,导致混合物中 H^+ 浓度降低,从而减缓了重烧氧化镁的水解速度并减少了鸟粪石的生成量,延长了试件的凝结时间[158]。

赤泥 MPC 修补砂浆流动性随着赤泥掺量的增加而降低,未掺加赤泥的基准组流动性为各组最佳,达到了 270 mm,R5、R10、R15、R20、R25 流动度分别为 250 mm、245 mm、210 mm、195 mm、185 mm。各赤泥掺量的 MPC 修补砂浆流动性相对 R0 分别下降了 7.4%、9.3%、22.2%、27.8%、31.5%。

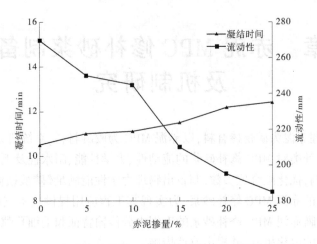

图 6-1　不同赤泥掺量 MPC 修补砂浆凝结时间和流动性

对产生这一现象的原因进行分析,是赤泥经过预处理后,表面出现了许多明显的凹陷,这不仅增大了赤泥的表面积,还能在水的表面张力下吸收一部分水分,使其需水量提高到了 90%,大大减少了赤泥 MPC 修补砂浆体系内游离水的数量,导致其流动性能降低[148]。

6.1.2　赤泥掺量对 MPC 修补砂浆力学性能的影响

图 6-2 为不同预处理赤泥掺量对 MPC 修补砂浆抗压强度的影响。随着预处理赤泥掺量的增加,赤泥 MPC 修补砂浆的抗压强度呈现先上升后下降的趋势。当赤泥掺量从 0 增加至 15% 时,抗压强度逐渐提高,R15 的 28 d 抗压强度达到最高,为 49.7 MPa,相较于基准组 28 d 的抗压强度(43.2 MPa)上升了 15.0%。随着预处理赤泥掺量的持续增加,MPC 修补砂浆抗压强度显著降低,R25 的 28 d 抗压强度降至 40.8 MPa,相较于 R0 降低了 5.6%。

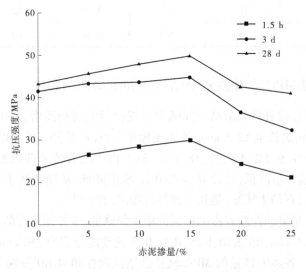

图 6-2　不同赤泥掺量 MPC 修补砂浆抗压强度

图 6-3 为预处理赤泥掺量对 MPC 修补砂浆抗折强度的影响,其强度变化规律与抗压强度相似,R15 试件的 28 d 抗折强度为 9.8 MPa,相对于未掺赤泥基准组 R0 的抗折强度 7.7 MPa 上升了 27.3%,随着预处理赤泥掺量持续增多,抗折强度开始下降。R25 的 28 d 抗折强度降至 6.9 MPa,相较于 R0 降低了 10.4%。

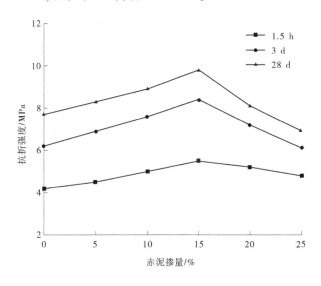

图 6-3　不同赤泥掺量 MPC 修补砂浆抗折强度

这是由于随着预处理赤泥掺量的增加,MPC 修补砂浆拌和物的酸度降低,尤其是水化后期随着 MgO 的溶解,孔溶液呈碱性,赤泥中的硅酸钙、铁质和铝质类氧化物参与水化反应,生成胶凝状物质,力学性能逐渐提高。预处理赤泥掺量大于 15% 后,MPC 修补砂浆的流动性显著降低,不利于水化初期产生的氨气排出,硬化结构的致密度降低,同时鸟粪石结构的连续性降低,故而力学性能降低。

另外,各赤泥掺量 MPC 修补砂浆抗压强度和抗折强度随着龄期的延长而提高,尤其是早期强度发展速度较快,后期强度出现不同程度的上升,且随着赤泥掺量的增加,力学性能提升明显。基准组 R0 试件的 1.5 h 至 3 d 抗压强度增幅为 78.1%,3 d 至 28 d 增幅为 4.1%;R25 试件的 1.5 h 至 3 d 抗压强度增幅为 53.3%、3 d 至 28 d 增幅为 26.7%。R0 试件 1.5 h 至 3 d 抗折强度的增幅为 47.6%,3 d 至 28 d 增幅为 24.2%;R25 试件 1.5 h 至 3 d 抗折强度的增幅为 27.1%,3 d 至 28 d 增幅 13.1%。分析原因是水化过程进入到后期时,赤泥中含有的 $CaCO_3$ 等此类矿物与 MPC 修补砂浆体系中的磷酸根离子发生反应,生成的水化产物具有胶凝性,可填充于硬化体的孔隙之间,提高了基体的致密度,从而促进 MPC 修补砂浆的力学性能发展[158]。

6.1.3　赤泥掺量对 MPC 修补砂浆耐水性的影响

图 6-4 为赤泥掺量对 MPC 修补砂浆耐水性的影响。各赤泥掺量的 MPC 修补砂浆浸水 28 d 的抗压强度与空气养护试件相比均有不同程度的降低。其中,R0 在浸水 28 d 后

抗压强度为 40.1 MPa,强度保留系数为 0.93。随着赤泥的掺入,强度保留系数随着赤泥掺量的增加先增大后减小。R10 的强度保留系数高达 0.98,R25 降为 0.92,略低于 R0,说明赤泥的掺入能够明显改善 MPC 修补砂浆的耐水性。

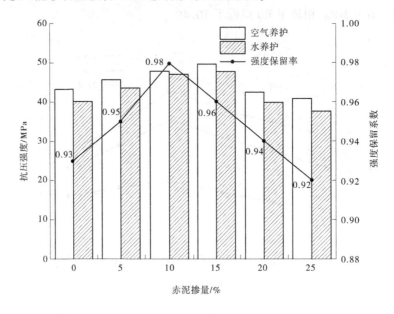

图 6-4　不同赤泥掺量 MPC 修补砂浆耐水性

赤泥颗粒在提高 MPC 修补砂浆致密度的同时,其富含的硅酸钙、铁盐和铝盐等物质会在水化后期形成具有凝胶特性的氢氧化铁和氢氧化铝络合物,明显提升 MPC 修补砂浆的力学性能和耐水性[149,159]。随着赤泥掺量的增加,水化产物中的可溶性磷酸盐含量减少,降低了 MPC 修补砂浆性能劣化的诱因[118,150]。此外,当赤泥掺量过高时,MPC 修补砂浆水化产物中鸟粪石结构的连续性被赤泥颗粒阻断,力学性能和耐水性降低[82]。

6.1.4　赤泥掺量对 MPC 修补砂浆水化热的影响

赤泥掺量的增加对 MPC 修补砂浆的水化温度的影响如图 6-5 所示,由图 6-5 可以看出,赤泥 MPC 修补砂浆的水化过程经历了三个过程,分别是先降温后升温再逐渐降温。在水化前期,各掺量在温度下降阶段差异较小,水化中期及后期,各个配合比的温度变化差异变大。随着赤泥掺量的增加,MPC 修补砂浆水化温度达到的峰值,以及温度上升速率降低,并且达到水化峰值温度的时间也随之增加。其中,R0 在水化 22 min 时达到水化峰值温度 58.1 ℃,而 R25 在水化 83 min 时达到 43.9 ℃,相较于 R0 水化峰值温度降低了 24.4%。可以说明适宜掺量的赤泥能够在改善 MPC 修补砂浆物理力学性能的同时,降低水化峰值温度,有效缓解由于水化温升带来的体积稳定性问题[82]。

图 6-6 为赤泥掺量对 MPC 修补砂浆水化放热量的影响。由图 6-6 可知,MPC 修补砂浆在水化 6 h 内累计水化放热量的增幅最快,其水化放热总量及水化热量的上升速率均随着赤泥掺量的增加而降低。R0 水化 6 h 累计水化热达到 17.8 kJ,为其总放热量的

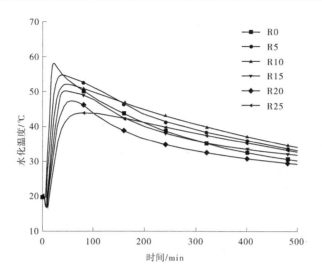

图 6-5　不同赤泥掺量 MPC 修补砂浆水化温度

75.7%；R15 水化 6 h 累计水化热达到 12.4 kJ，为其总放热量的 61.1%；而 R25 水化 6 h 累计水化热仅为 10.5 kJ，为其总放热量的 53.8%。

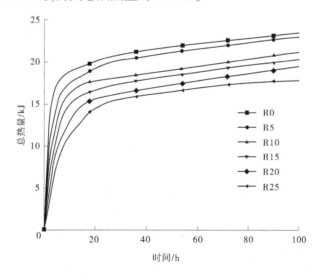

图 6-6　不同赤泥掺量 MPC 修补砂浆水化总热量

　　以上试验结果说明将预处理赤泥掺入到 MPC 修补砂浆中是缓解其集中放热问题的有效措施。水化 6~20 h 阶段，MPC 修补砂浆的累计水化放热量均经历了非线性上升过程，并且预处理赤泥掺量越高，该过程历经的时间越长。基准组 R0 仅为 6 h，R15 为 14 h，而 R25 则达到 20 h。MPC 修补砂浆水化 20~100 h 的累计水化热仅有小幅提升。根据赤泥对 MPC 修补砂浆凝结时间及水化温度的分析来看，其放热量变化趋势与凝结时间、水化温度密切相关。早期水化中由于赤泥的掺入，新拌混合物中的磷酸盐含量降低，减缓了重烧氧化镁的水解速度并减少了鸟粪石的生成量,延长了试件的凝结时间。因此,未掺加赤泥的 R0 组水化反应最快,放热速率及放热量均大于掺入赤泥之后的试件。

6.1.5　赤泥掺量对 MPC 修补砂浆毛细吸水特征的影响

图 6-7 为不同赤泥掺量 MPC 修补砂浆的毛细吸水量随时间的变化规律,由图 6-7 可知,各赤泥掺量的毛细吸水量在浸水初期迅速增加,其中 R0 浸水 100 min 以内吸水量达到总吸水量的 30.0%,浸水 100~500 min,吸水量增加至总吸水量的 47.2%,浸水 500~3 600 min 吸水量线性增加,达到总吸水量的 92.1%,浸水 3 600 min 后吸水量仅有小幅增加,说明赤泥 MPC 修补砂浆吸水量趋于饱和,吸水总量为 30.31 g。赤泥掺量为 10% 和15% 时,赤泥 MPC 修补砂浆毛细吸水量增速与吸水总量降低,吸水总量降为 16.51 g 和20.00 g;当赤泥掺量持续增加,赤泥 MPC 修补砂浆毛细吸水量增速明显加快,吸水总量显著增加。赤泥掺量为 25% 时,毛细吸水总量达到了 40.77 g。

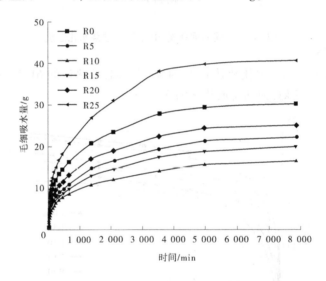

图 6-7　不同赤泥掺量 MPC 修补砂浆毛细吸水量随时间的变化曲线

由此可见,适量赤泥的掺入有利于减少 MPC 修补砂浆吸水总量。此外,赤泥对 MPC 修补砂浆浸水时间 500 min 时毛细吸水量的影响规律与 8 000 min 时的总吸水量相一致,说明通过早期的毛细吸收试验可以初步评价 MPC 修补砂浆的吸水特性。

MPC 修补砂浆毛细吸水量在不同预处理赤泥掺量下随时间平方根的变化曲线如图 6-8 所示。在 $t^{1/2}$ 为 60 之前,赤泥 MPC 修补砂浆的毛细吸水量与其呈线性关系,$t^{1/2}$ 继续增加,毛细吸水量增幅明显减缓。根据式(2-7)和式(2-8)可知多孔材料毛细吸水质量增量与时间平方根成正比,即图 6-8 中各直线的斜率为赤泥 MPC 修补砂浆的毛细吸收系数,其计算结果见表 6-2,该试验得出的结论与 Matthew Hall 等[134]的研究结果相类似。

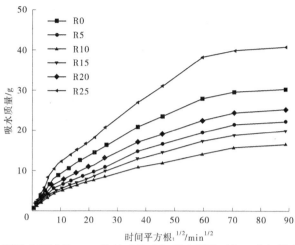

图 6-8　不同赤泥掺量 MPC 修补砂浆毛细吸水量随时间平方根的变化曲线

表 6-2　不同赤泥掺量 MPC 修补砂浆毛细吸收系数

赤泥掺量/%	0	5	10	15	20	25
毛细吸收系数/($mm/min^{1/2}$)	0.384	0.283	0.189	0.207	0.312	0.532

由表 6-2 可以看出,赤泥掺量为 10%和 15%时,MPC 修补砂浆毛细吸水量和毛细吸收系数变化幅度不明显。随着赤泥掺量持续增大,毛细吸收系数显著提高,赤泥掺量从 15%增加到 25%时,毛细吸收系数从 0.207 $mm/min^{1/2}$ 增加至 0.532 $mm/min^{1/2}$,增加了 157.0%,说明赤泥掺量对 MPC 修补砂浆毛细吸收系数影响效果显著。

图 6-9 为不同赤泥掺量 MPC 修补砂浆毛细孔隙率和 28 d 吸水率,由图 6-9 可以看出:赤泥掺量对 MPC 修补砂浆的毛细孔隙率影响不大,28 d 吸水率随着赤泥掺量的增加先降低后上升。其中,未掺入赤泥的 MPC 修补砂浆毛细孔隙率和 28 d 吸水率分别为 20.38%、8.11%,赤泥掺量为 10%时,毛细孔隙率和 28 d 吸水率分别降低至 20.30%、6.62%,当赤泥掺量继续增加到 25%时,毛细孔隙率和 28 d 吸水率上升为 20.45%、9.24%。

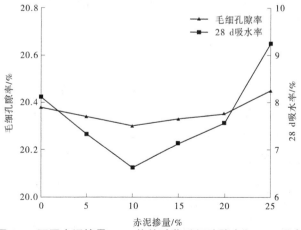

图 6-9　不同赤泥掺量 MPC 修补砂浆毛细孔隙率和 28 d 吸水率

　　这是因为掺入少量赤泥可以填充 MPC 修补砂浆的内部孔隙,赤泥颗粒起到微集料作用,降低了 28 d 吸水率,而赤泥掺量过大时,赤泥 MPC 修补砂浆的流动性显著降低,不利于水化初期产生的氨气排出,硬化结构的致密度降低,导致 MPC 修补砂浆的毛细孔隙率和 28 d 吸水率增大。

　　图 6-10 为不同赤泥掺量 MPC 修补砂浆水分表面渗入深度随时间的变化规律,其中渗入深度由吸水质量与吸水面积和孔隙率乘积的比值计算所得。可以看出:赤泥 MPC 修补砂浆表面渗入深度在入水初期增长迅速,入水 4 000 min 后渗入深度基本保持不变。

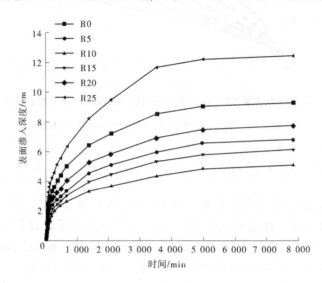

图 6-10　不同赤泥掺量 MPC 修补砂浆水分表面渗入深度随时间的变化规律

　　当赤泥掺量为 10% 和 15% 时,表面渗入深度相差较小,随着赤泥掺量的继续增大,赤泥 MPC 修补砂浆表面渗入深度明显增加。赤泥掺量从 15% 增加到 25% 时,表面渗入深度从 6.15 cm 增加至 12.50 cm,增加了 103.3%,说明赤泥掺量对赤泥 MPC 修补砂浆表面渗入深度影响效果显著。

6.1.6　赤泥掺量对 MPC 修补砂浆微观结构的影响

　　图 6-11 为 MPC 修补砂浆基准组 R0 水化 3 h、3 d、28 d 的微观形貌,由图 6-11(a)可看出,MPC 修补砂浆在早期水化阶段中的产物鸟粪石呈短柱状,并且还存在一些未水化的重烧 MgO 及水化产物间明显的孔隙结构和裂缝。由图 6-11(b)可知,在龄期达到 3 d 时,MPC 修补砂浆硬化体的密实度及水化产物的结晶度均有所改善。水化 28 d 的 MPC 修补砂浆微观结构如图 6-11(c)所示,MPC 水化产物鸟粪石的形状呈鳞片状,该产物与剩余的少量重烧 MgO 相互连接,形成了较为致密的整体。

　　分析原因是 MPC 修补砂浆凝结硬化速度快,水化反应剧烈,在水化龄期较短时,硬化体内部的孔隙较多,随着水化龄期的延长,水化产物鸟粪石结晶度提高,改善了硬化结构

|(a)3 h|(b)3 d|(c)28 d|

图 6-11　基准组 R0 水化 3 h、3 d、28 d 的微观形貌

的致密性。当水化龄期达到 28 d 时,MPC 修补砂浆硬化体内部几乎没有剩余的水分,并且鸟粪石结构持续变大阻止了未水化的氧化镁和磷酸盐继续反应,从而大幅度降低了其水化反应速率,整体结构趋近于稳定[158]。

图 6-12 为 R15 水化 3 h、3 d、28 d 的微观形貌。由图 6-12(a)可知,R15 在水化早期结构较为松散,整体连接不紧密,水化不完全,赤泥颗粒周围可见少量细小的短柱状鸟粪石。水化 3 d 的水化产物如图 6-12(b)所示,该水化龄期下的硬化体内部以不规则形状的鸟粪石为主,均匀分布于赤泥颗粒周围。当水化龄期延长至 28 d 时,R15 硬化体微观结构致密,并且存在大量短柱状鸟粪石,赤泥与水化产物之间仅存在微小缝隙,整体结构的孔隙率降低,密实性提高,是提高 MPC 修补砂浆力学性能和耐水性的重要原因。

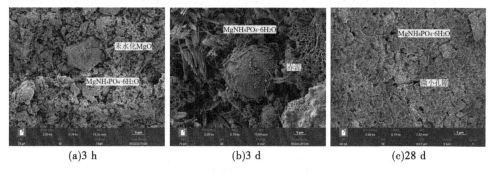

|(a)3 h|(b)3 d|(c)28 d|

图 6-12　R15 水化 3 h、3 d、28 d 的微观形貌

图 6-13 为不同赤泥掺量下 MPC 修补砂浆 28 d 的微观形貌,在赤泥掺量不高于 15% 时,硬化结构中的鸟粪石生成量和结晶度逐渐提高,并且可以看出赤泥颗粒分布在未水化氧化镁和鸟粪石之间,提高基体完整度。当赤泥掺量继续增加,减少了胶凝材料的含量,从而减少了水化产物的生成量。R5 的水化产物呈现纤维状,以及呈方形状的未水化氧化镁。R10 中赤泥颗粒和未水化氧化镁被大量连续鸟粪石包裹在一起,紧密搭接。R20 和 R25 的水化产物为结晶度较低的鸟粪石,均匀分布于赤泥颗粒和未水化氧化镁周围,并且其硬化体结构的致密度明显低于 R15,力学性能和耐水性相应明显降低。

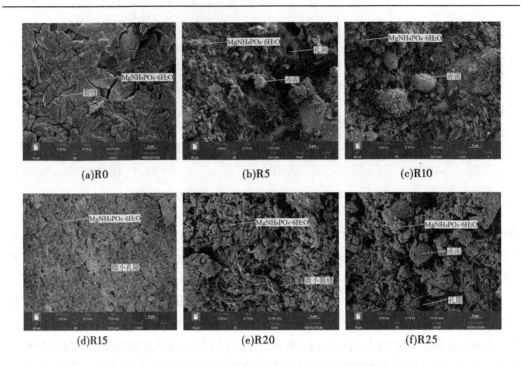

图 6-13 不同赤泥掺量 MPC 修补砂浆水化 28 d 的微观形貌

6.2 水胶比对赤泥 MPC 修补砂浆物理力学性能的影响

为了研究水胶比对赤泥 MPC 修补砂浆物理力学性能的影响,本试验选取了水胶比为 0.18、0.20、0.22、0.24、0.26 及 0.28,预处理赤泥掺量 $w=15\%$,砂胶比为 1.0,缓凝剂 $w=12\%$,表 6-3 为详细配合比。

表 6-3 不同水胶比赤泥 MPC 修补砂浆配合比

编号	胶凝材料/%	赤泥/%	M/P	水胶比	缓凝剂/%	砂胶比
W1	85	15	3/1	0.18	12	1.0
W2	85	15	3/1	0.20	12	1.0
W3	85	15	3/1	0.22	12	1.0
W4	85	15	3/1	0.24	12	1.0
W5	85	15	3/1	0.26	12	1.0
W6	85	15	3/1	0.28	12	1.0

6.2.1 水胶比对赤泥 MPC 修补砂浆凝结时间和流动性的影响

图 6-14 为不同水胶比对赤泥 MPC 修补砂浆凝结时间和流动性的影响,由图 6-14 可知,赤泥 MPC 修补砂浆凝结时间随着水胶比的增大而增加,水胶比为 0.18 时,凝结时间为 10.2 min,水胶比增大到 0.28 时,凝结时间延长至 14 min,增加了 37.3%,其余水胶比的赤泥 MPC 修补砂浆凝结时间变化不大,均为 12 min 左右。

分析原因是赤泥 MPC 修补砂浆在水胶比较小时，$NH_4H_2PO_4$ 极易溶于水，与 MgO 快速反应，凝结硬化速度快，凝结时间短。当水胶比不断增大时，单位体积水中 MgO 与 $NH_4H_2PO_4$ 的溶解量减少，降低了水化反应速率，凝结时间增加。

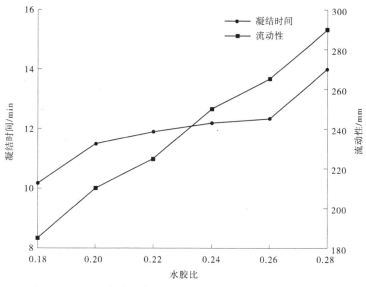

图 6-14　不同水胶比赤泥 MPC 修补砂浆凝结时间和流动性

由图 6-14 可见，赤泥 MPC 修补砂浆流动性随着水胶比的增大而增大，当水胶比从 0.18 增加至 0.28 时，赤泥 MPC 修补砂浆流动性从 185 mm 增大到 290 mm，上升幅度为 56.8%。这是因为 MPC 修补砂浆的自由水占比随着水胶比的增大而增加，流动性增加。

6.2.2　水胶比对赤泥 MPC 修补砂浆力学性能的影响

水胶比对赤泥 MPC 修补砂浆抗压强度的影响见图 6-15。由图 6-15 可见：随着水胶比的不断增大，赤泥 MPC 修补砂浆各个龄期的抗压强度均呈降低趋势，在同一水胶比下，随着养护龄期的增加，赤泥 MPC 修补砂浆的抗压强度持续提高，早期强度提高幅度更大。当水胶比从 0.28 降低至 0.20 时，赤泥 MPC 修补砂浆的抗压强度呈现线性增加的趋势，1.5 h、3 d 和 28 d 抗压强度分别由 16.0 MPa、26.7 MPa、31.9 MPa 增加到 29.9 MPa、44.7 MPa、49.7 MPa，增长幅度分别为 86.9%、67.4%、55.8%。

图 6-16 中赤泥 MPC 修补砂浆抗折强度的变化规律与抗压强度基本一致，水胶比增大，赤泥 MPC 修补砂浆的抗折强度显著降低。当水胶比由 0.28 降低至 0.20 时，1.5 h、3 d 和 28 d 抗折强度分别由 2.8 MPa、4.6 MPa、6.1 MPa 增加到 5.5 MPa、8.4 MPa、9.8 MPa，增长幅度分别为 96.4%、82.6%、60.7%。水胶比继续降低，力学性能仅有小幅增加。

赤泥 MPC 修补砂浆在水胶比为 0.18 时各龄期的力学性能最佳，表明此时的水胶比基本能够满足早期水化反应。水胶比为 0.20 时，赤泥 MPC 修补砂浆强度变化较小，当水胶比持续增加时，多余的水分会留在赤泥 MPC 修补砂浆硬化体的空间结构中，待自由水分蒸发后，留下的孔隙致使其结构致密性降低，进而影响力学性能和耐水性的发展。

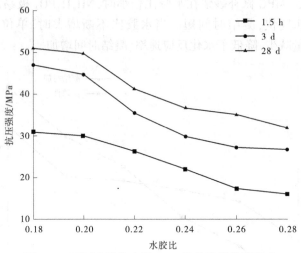

图 6-15　不同水胶比赤泥 MPC 修补砂浆抗压强度

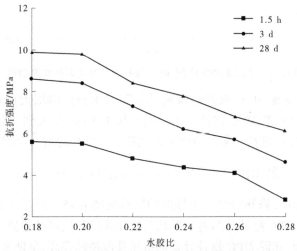

图 6-16　不同水胶比赤泥 MPC 修补砂浆抗折强度

6.2.3　水胶比对赤泥 MPC 修补砂浆耐水性的影响

图 6-17 为不同水胶比对赤泥 MPC 修补砂浆耐水性的影响。由图 6-17 可知,不同水胶比的赤泥 MPC 修补砂浆浸水 28 d 的抗压强度与空气养护试件相比均有不同程度的降低。水胶比为 0.18 和 0.20 时,强度保留系数的变化幅度不大,分别为 0.95 和 0.96。当水胶比继续增加时,强度保留系数线性降低,即随着水胶比的增加,赤泥 MPC 修补砂浆的耐水性逐渐减弱。其中,水胶比为 0.20 时,浸水 28 d 后强度为 47.7 MPa,强度保留系数为 0.96;当水胶比为 0.28 时,浸水 28 d 后强度仅为 25.2 MPa,强度保留系数仅为 0.79,与水胶比为 0.20 时浸水 28 d 后强度下降了 22.5 MPa,强度保留系数下降了 17.7%。

这是因为水胶比过大时,赤泥 MPC 修补砂浆的水化反应较为剧烈,大量水分存留在体系内使其气孔被堵塞,导致水化过程中放出的热量增加时,提高了水化放热的峰值温

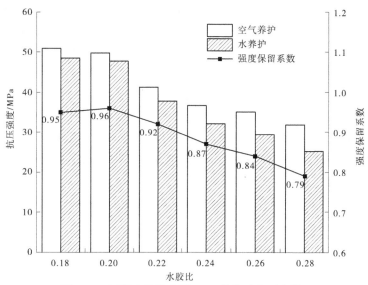

图 6-17　不同水胶比赤泥 MPC 修补砂浆耐水性

度。水分蒸发后留下大量空隙,降低了赤泥 MPC 修补砂浆硬化体密实度,从而导致强度保留系数降低,同时也不利于赤泥 MPC 修补砂浆的体积稳定性。

6.2.4　水胶比对赤泥 MPC 修补砂浆毛细吸水特征的影响

随着时间的增加,不同水胶比下赤泥 MPC 修补砂浆的毛细吸水量的变化趋势如图 6-18 所示,由图 6-18 可以看出,在试件刚开始浸入水中时,其毛细吸水量呈现线性增加趋势,水胶比为 0.28 时浸水 100 min 以内吸水量达到总吸水量的 24.9%;浸水 100~500 min,吸水量增加至总吸水量的 42.7%;浸水 500~3 600 min,赤泥 MPC 修补砂浆的吸水量线性增加,达到总吸水量的 95.4%;浸水 3 600 min 后吸水量仅有小幅增加,说明MPC 修补砂浆吸水量趋于饱和。

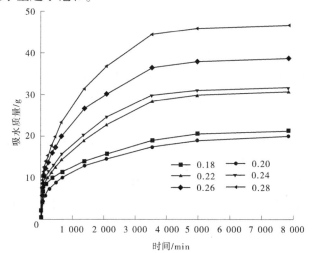

图 6-18　不同水胶比赤泥 MPC 修补砂浆毛细吸水量随时间的变化曲线

另外,水胶比为 0.18 和 0.20 时,赤泥 MPC 修补砂浆毛细吸水量增速与吸水总量变化较小;当水胶比持续增加时,赤泥 MPC 修补砂浆毛细吸水量增速明显加快,吸水总量显著增加。其中,水胶比为 0.20 时,毛细吸水总量为 20.00 g,水胶比为 0.28 时,毛细吸水总量达到了 46.65 g。

图 6-19 为不同水胶比赤泥 MPC 修补砂浆毛细吸水量随时间平方根的变化曲线,由图可知,在 $t^{1/2}$ 为 60 之前,赤泥 MPC 修补砂浆的毛细吸水量与时间平方根呈线性关系,$t^{1/2}$ 继续增加毛细吸水量增幅明显减缓。随着砂胶比的增大,吸水质量先减少后显著增加。不同水胶比赤泥 MPC 修补砂浆的毛细吸收系数结果见表 6-4。

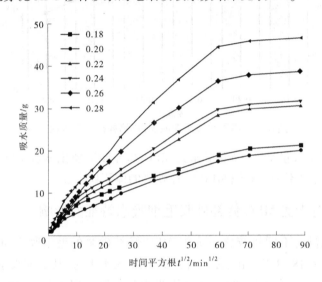

图 6-19　不同水胶比赤泥 MPC 修补砂浆毛细吸水量随时间平方根的变化曲线

表 6-4　不同水胶比赤泥 MPC 修补砂浆毛细吸收系数

水胶比	0.18	0.20	0.22	0.24	0.26	0.28
毛细吸收系数/(mm/min $^{1/2}$)	0.238	0.207	0.418	0.451	0.516	0.661

由表 6-4 可以看出,水胶比为 0.18 和 0.20 时,赤泥 MPC 修补砂浆毛细吸水量和毛细吸收系数变化幅度不明显;随着水胶比的增大,赤泥 MPC 修补砂浆毛细吸收系数显著提高,水胶比从 0.20 增加到 0.28 时,毛细吸收系数从 0.207 mm/min $^{1/2}$ 增加至 0.661 mm/min $^{1/2}$,增长了 219.3%。

图 6-20 为试验得到的不同水胶比赤泥 MPC 修补砂浆毛细孔隙率和 28 d 吸水率,由图 6-20 可知,随着水胶比的增大,赤泥 MPC 修补砂浆的毛细孔隙率和 28 d 吸水率均随着水胶比的增大呈现先减小后增大的趋势。其中,当水胶比为 0.18 和 0.20 时,毛细孔隙率和 28 d 吸水率变化幅度较小,分别为 20.97%、7.63% 和 20.33%、7.13%。当水胶比从 0.20 增大至 0.28 时,赤泥 MPC 修补砂浆毛细孔隙率和 28 d 吸水率变化显著,增大为 29.12%、11.56%。

分析原因是随着水胶比的增大,赤泥 MPC 修补砂浆的水化反应更加剧烈,大量水分

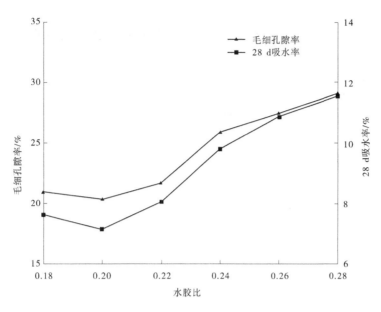

图 6-20　不同水胶比赤泥 MPC 修补砂浆毛细孔隙率和 28 d 吸水率

填充在 MPC 修补砂浆硬化体孔隙中,水分蒸发后会形成大量孔隙,造成硬化结构变得疏松多孔,进而增大了其毛细孔隙率和 28 d 吸水率。

图 6-21 为不同水胶比赤泥 MPC 修补砂浆水分表面渗入深度随时间的变化规律。由图 6-21 可知,赤泥 MPC 修补砂浆表面渗入深度在入水初期增长迅速,入水 3 600 min 时渗入深度基本保持不变。当水胶比为 0.18 和 0.20 时,表面渗入深度相差较小,分别为 6.33 cm 和 6.15 cm。随着水胶比的继续增大,赤泥 MPC 修补砂浆表面渗入深度明显增加。水胶比从 0.20 增大到 0.28 时,表面渗入深度增加至 10.02 cm,增加了 62.9%。

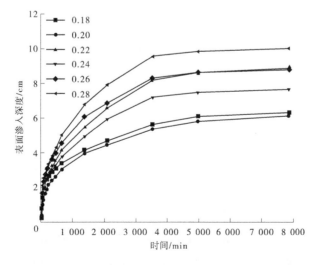

图 6-21　不同水胶比赤泥 MPC 修补砂浆水分表面渗入深度随时间的变化规律

6.3　砂胶比对赤泥 MPC 修补砂浆物理力学性能的影响

本试验研究选取的砂胶比分别为 0.4、0.6、0.8、1.0、1.2 及 1.4,预处理赤泥掺量 $w=$ 15%,水胶比为 0.20,缓凝剂 $w=12\%$,表 6-5 为不同砂胶比赤泥 MPC 修补砂浆配合比。

表 6-5　不同砂胶比赤泥 MPC 修补砂浆配合比

编号	胶凝材料/%	赤泥/%	M/P	水胶比	缓凝剂/%	砂胶比
S1	85	15	3/1	0.20	12	0.4
S2	85	15	3/1	0.20	12	0.6
S3	85	15	3/1	0.20	12	0.8
S4	85	15	3/1	0.20	12	1.0
S5	85	15	3/1	0.20	12	1.2
S6	85	15	3/1	0.20	12	1.4

6.3.1　砂胶比对赤泥 MPC 修补砂浆凝结时间和流动性的影响

不同砂胶比对赤泥 MPC 修补砂浆凝结时间和流动性的影响如图 6-22 所示,可以看出,随着砂胶比的持续增大,赤泥 MPC 修补砂浆流动性逐渐降低,当砂胶比从 0.4 增加至 1.4 时,赤泥 MPC 修补砂浆流动性从 300 mm 降低至 100 mm,下降幅度为 66.7%。

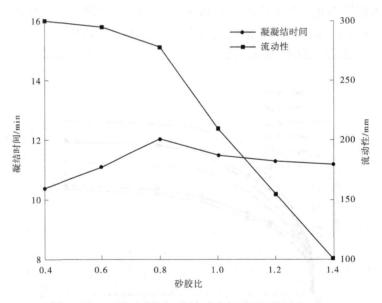

图 6-22　不同砂胶比赤泥 MPC 修补砂浆凝结时间和流动性

赤泥 MPC 修补砂浆凝结时间随着砂胶比的增大先延长后缩短,整体影响不显著,砂胶比为 0.4 时,凝结时间最短,为 10.3 min,砂胶比增大到 0.8 时,凝结时间最长,为 12.2

min。随着砂胶比的持续增大，赤泥 MPC 修补砂浆凝结时间开始缩短，当砂胶比为 1.4 时，凝结时间为 11.2 min，变化幅度较小。

6.3.2　砂胶比对赤泥 MPC 修补砂浆力学性能的影响

图 6-23 为不同砂胶比对赤泥 MPC 修补砂浆抗压强度的影响规律。由图 6-23 可知，随着砂胶比的增大，赤泥 MPC 修补砂浆各个龄期的抗压强度呈现先上升后下降的趋势。当砂胶比固定时，随着养护龄期的增加，其抗压强度呈现线性上升的趋势，并且可以看出赤泥 MPC 修补砂浆早期强度的增长幅度明显偏高。当砂胶比由 0.4 增大至 1.0 时，赤泥 MPC 修补砂浆的抗压强度线性增加，1.5 h、3 d 和 28 d 抗压强度分别由 17.3 MPa、28.5 MPa、33.3 MPa 增加到 29.9 MPa、44.7 MPa、49.7 MPa，增长幅度分别为 72.8%、56.8%、49.2%。砂胶比继续增大至 1.4 时，抗压强度降至 20.5 MPa、33.2 MPa、39.0 MPa。

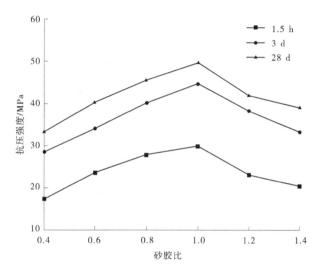

图 6-23　不同砂胶比赤泥 MPC 修补砂浆抗压强度

图 6-24 为不同砂胶比赤泥 MPC 修补砂浆的抗折强度，其变化规律与抗压强度基本一致，赤泥 MPC 修补砂浆的抗折强度随着砂胶比的增大呈现先上升后下降的趋势。当砂胶比由 0.4 增大至 1.0 时，赤泥 MPC 修补砂浆的抗折强度显著增加，1.5 h、3 d 和 28 d 抗折强度分别由 3.8 MPa、5.9 MPa、7.2 MPa 增加到 5.5 MPa、8.4 MPa、9.8 MPa，增长幅度分别为 44.7%、42.4%、36.1%。砂胶比继续增大到 1.4 时，抗折强度降至 4.5 MPa、7.2 MPa、8.1 MPa。由此可见，砂胶比为 1.0 时，赤泥 MPC 修补砂浆力学性能达到最佳，砂胶比对赤泥 MPC 修补砂浆力学性能影响较大，尤其对早期的 1.5 h 抗折强度的影响最为显著。

随着砂胶比的增大，赤泥 MPC 修补砂浆力学性能先增大后减小。这是因为掺加适量的砂子可以起到填充作用，提高其硬化体结构的密实性，并通过搭接水化产物形成结晶骨架网络结构，提高赤泥 MPC 修补砂浆的力学性能。但当砂胶比持续增加时，赤泥 MPC 修补砂浆中的胶凝材料含量减少，不能完整地包裹体系中多余的砂子，导致水泥浆和细骨料界面黏结力减弱。同时，砂子掺量的增加使体系中的水分减少，影响了水化反应的正常进

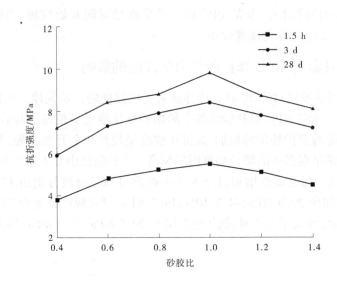

图 6-24 不同砂胶比赤泥 MPC 修补砂浆抗折强度

行,进而减少了鸟粪石等水化产物的生成量,不利于力学性能的发展。综上所述,考虑到工作性、强度与经济成本因素,MPC 修补砂浆的砂胶比选择 1.0 较为合适。

6.3.3　砂胶比对赤泥 MPC 修补砂浆耐水性的影响

图 6-25 为不同砂胶比对赤泥 MPC 修补砂浆耐水性的影响。不同砂胶比的赤泥 MPC 修补砂浆浸水 28 d 的抗压强度与空气养护试件相比均有不同程度的降低。赤泥 MPC 修补砂浆的强度保留系数随着砂胶比的增大先上升后下降。水胶比为 1.0 和 1.2 时,强度保留系数的变化不明显。当砂胶比继续增加时,强度保留系数线性降低。其中,砂胶比为 1.0 时,浸水 28 d 后抗压强度为 47.7 MPa,强度保留系数为 0.96,当砂胶比为 0.4 和 1.4 时抗压强度和强度保留系数仅为 23.2 MPa、0.70 和 28.9 MPa、0.74,浸水后 28 d 抗压强度分别下降了 24.5 MPa、18.8 MPa,强度保留系数降低了 27.1%、22.9%。

这说明砂胶比不大于 1.0 时,砂子的含量越高,越有利于 MPC 修补砂浆的强度发展;当砂胶比不低于 1.0 时,赤泥 MPC 修补砂浆体系中的水泥浆体相对含量降低,导致水化产物生成量减少,降低了硬化体结构的密实性,导致强度降低。综合以上结果可得出砂胶比为 1.0 时,赤泥 MPC 修补砂浆耐水性达到最佳,砂的过量掺入会降低 MPC 修补砂浆结构的水稳定性。

6.3.4　砂胶比对赤泥 MPC 修补砂浆毛细吸水特征的影响

图 6-26 为不同砂胶比下赤泥 MPC 修补砂浆的毛细吸水量随时间的变化规律,从图 6-26 可以看出:赤泥 MPC 修补砂浆的吸水总量和增速随着赤泥掺量的增加呈现先降低后增大的趋势,并且毛细吸水量在浸水初期迅速增加,砂胶比为 0.4 时,毛细吸水总量和增速最大,浸水 100 min 以内吸水量达到总吸水量的 26.9%,浸水 100~500 min,吸水量增加至总吸水量的 46.7%,浸水 500~3 600 min 吸水量线性增加,达到总吸水量的

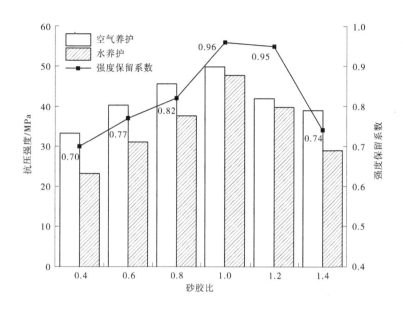

图 6-25　不同砂胶比赤泥 MPC 修补砂浆耐水性

93.9%,浸水 3 600 min 后吸水量仅有小幅增加。

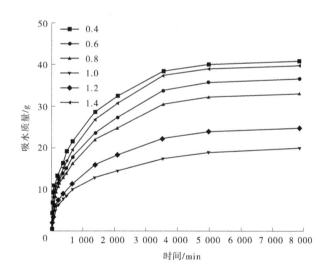

图 6-26　不同砂胶比赤泥 MPC 修补砂浆毛细吸水量随时间的变化曲线

　　砂胶比增大到 1.0 时,赤泥 MPC 修补砂浆毛细吸水量增速与吸水总量最小;当砂胶比持续增加时,赤泥 MPC 修补砂浆毛细吸水量增速明显加快,吸水总量显著增加。其中,砂胶比为 1.0 时,毛细吸水总量为 20.00 g,砂胶比为 0.4 和 1.4 时,毛细吸水总量分别达到了 40.87 g、39.83 g。

　　图 6-27 为不同砂胶比赤泥 MPC 修补砂浆毛细吸水量随时间平方根的变化曲线,在

$t^{1/2}$ 为 60 之前,赤泥 MPC 修补砂浆的毛细吸水量与其呈线性关系,$t^{1/2}$ 继续增加毛细吸水量增幅明显减缓。不同砂胶比赤泥 MPC 修补砂浆的毛细吸收系数结果见表 6-6。

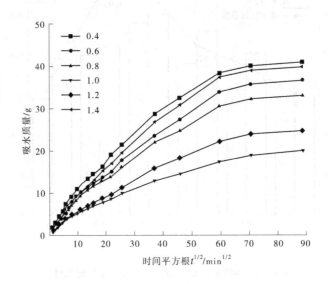

图 6-27　不同砂胶比赤泥 MPC 修补砂浆毛细吸水量随时间平方根的变化曲线

表 6-6　不同砂胶比赤泥 MPC 修补砂浆毛细吸收系数

砂胶比	0.4	0.6	0.8	1.0	1.2	1.4
毛细吸收系数/（mm/min$^{1/2}$）	0.599	0.506	0.439	0.207	0.325	0.577

由表 6-6 可以看出,砂胶比为 0.4 时,赤泥 MPC 修补砂浆毛细吸水量和毛细吸收系数最大。随着砂胶比的增大,赤泥 MPC 修补砂浆毛细吸收系数先减小后增大,砂胶比从 0.4 增加到 1.0 时,毛细吸收系数从 0.599 mm/min$^{1/2}$ 减小至 0.207 mm/min$^{1/2}$,下降了 65.4%,砂胶比持续增大至 1.4 时,毛细吸收系数增大至 0.577 mm/min$^{1/2}$。由此可见,砂胶比为 1.0 时,毛细吸收系数最小。

图 6-28 为试验得到的不同砂胶比赤泥 MPC 修补砂浆毛细孔隙率和 28 d 吸水率,由图 6-28 可以看出:随着砂胶比的增大,赤泥 MPC 修补砂浆的毛细孔隙率和 28 d 吸水率随着砂胶比的提高先下降后上升。其中,砂胶比从 0.4 增大至 1.0 时,赤泥 MPC 修补砂浆的毛细孔隙率和 28 d 吸水率分别从 24.28%、8.81% 降低为 20.33%、7.13%,砂胶比继续增大至 1.4 时,二者分别增大到 23.11%、8.79%。

分析原因是掺入适量的砂子有助于提高赤泥 MPC 修补砂浆的致密性,使毛细孔隙率和 28 d 吸水率有所下降。当砂胶比超过 1.0 时,一方面减少了赤泥 MPC 修补砂浆体系中水泥浆体的相对含量,不利于水化反应的正常进行,从而降低了鸟粪石的生成量和硬化体结构密实度,导致毛细孔隙率和 28 d 吸水率增大。

图 6-29 为不同砂胶比赤泥 MPC 修补砂浆水分表面渗入深度随时间的变化规律。由图 6-29 可以看出,赤泥 MPC 修补砂浆表面渗入深度随着砂胶比的增大呈现先降低后增

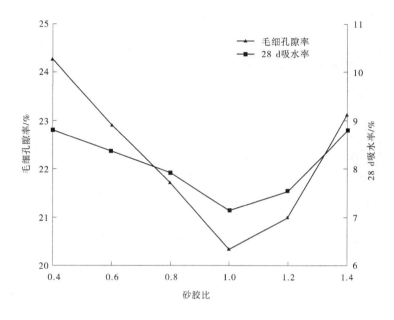

图 6-28　不同砂胶比赤泥 MPC 修补砂浆毛细孔隙率和 28 d 吸水率

大的趋势,并且在入水初期增长迅速,入水 3 600 min 时渗入深度基本保持不变。砂胶比为 0.4 和 1.4 时,表面渗入深度较高,且两者相差较小,砂胶比从 0.4 增大至 1.0 时,表面渗入深度从 10.52 cm 降低至 6.15 cm,下降了 41.5%。随着砂胶比的继续增大,赤泥 MPC 修补砂浆表面渗入深度明显增加。

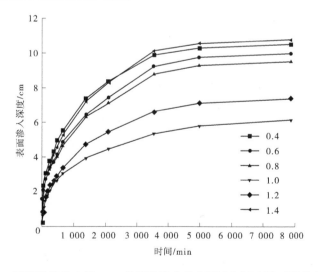

图 6-29　不同砂胶比赤泥 MPC 修补砂浆水分表面渗入深度随时间的变化规律

6.3.5　砂胶比对赤泥 MPC 修补砂浆干缩率的影响

不同砂胶比赤泥 MPC 修补砂浆干缩试件如图 6-30 所示,使用千分表测量出了不同砂胶比赤泥 MPC 修补砂浆的干缩值试验数据,并按照式(2-3)进行干缩率相关计算,得到的数值如表 6-7 所示,不同砂胶比赤泥 MPC 修补砂浆干缩率如图 6-31 所示。

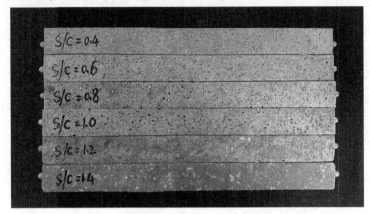

图 6-30　不同砂胶比赤泥 MPC 修补砂浆干缩试件

表 6-7　不同砂胶比赤泥 MPC 修补砂浆干缩值试验数据

砂胶比	试件编号	千分表测量数值/mm		干缩率/10^{-4}	干缩率平均值/10^{-4}
		初始读数(X_0)	28 d 测量读数(X_{28})		
0.4	A1	6.618	6.522	3.42	3.40
	A2	6.619	6.526	3.32	
	A3	6.624	6.527	3.46	
0.6	B1	6.821	6.728	3.32	3.27
	B2	6.819	6.727	3.29	
	B3	6.826	6.736	3.21	
0.8	C1	6.827	6.749	2.79	2.94
	C2	6.822	6.741	2.89	
	C3	6.826	6.738	3.14	
1.0	D1	7.065	6.999	2.36	2.43
	D2	7.059	6.992	2.39	
	D3	7.062	6.991	2.54	
1.2	E1	6.813	6.747	2.36	2.29
	E2	6.816	6.755	2.18	
	E3	6.818	6.753	2.32	
1.4	F1	7.067	7.016	1.82	1.81
	F2	7.069	7.021	1.71	
	F3	7.072	7.019	1.89	

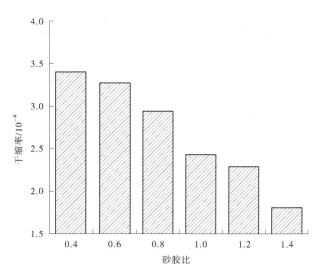

图 6-31　不同砂胶比赤泥 MPC 修补砂浆干缩率

从表 6-7 和图 6-31 可以看出,随着砂胶比的增大,即砂子含量越多,赤泥 MPC 修补砂浆的干缩率越小。其中,砂胶比从 0.4 增加至 1.0 时,赤泥 MPC 修补砂浆的干缩率从 3.40×10^{-4} 降低至 2.43×10^{-4},降低了 28.5%。当砂胶比持续增加至 1.4 时,赤泥 MPC 修补砂浆的干缩率降低至 1.81×10^{-4},相较于砂胶比为 0.4 时降低了 46.8%。

这是因为随着砂胶比的增大,赤泥 MPC 修补砂浆中水泥占比用量降低,由于水泥水化引起的自收缩显著减小。这说明骨料含量增加,抑制赤泥 MPC 修补砂浆干缩的能力就越强。

6.4　骨料种类对赤泥 MPC 修补砂浆物理力学性能的影响

本试验研究了 3 种常见的砂作为赤泥 MPC 修补砂浆中的细骨料,分别为石英砂、灌浆砂和金刚砂,赤泥掺量 $w = 15\%$,水胶比为 0.20,砂胶比为 1.0,缓凝剂 $w = 12\%$,不同骨料类型赤泥 MPC 修补砂浆配合比见表 6-8。

表 6-8　不同骨料类型赤泥 MPC 修补砂浆配合比

骨料种类	胶凝材料/%	赤泥/%	M/P	水胶比	缓凝剂/%	砂胶比
石英砂	85	15	3/1	0.20	12	1.0
灌浆砂	85	15	3/1	0.20	12	1.0
金刚砂	85	15	3/1	0.20	12	1.0

6.4.1　骨料种类对赤泥 MPC 修补砂浆凝结时间和流动性的影响

图 6-32 为骨料种类对赤泥 MPC 修补砂浆凝结时间和流动性的影响,由图 6-32 可知,骨料种类对赤泥 MPC 修补砂浆凝结时间和流动性存在一定的影响,其中采用石英砂、灌

浆砂和金刚砂3种骨料新拌物的流动性分别为210 mm、250 mm及245 mm,产生该差异的原因是石英砂在破碎过程中形成的棱角较多,相比较表面光滑的灌浆砂,流动性降低。使用石英砂和灌浆砂的试件凝结时间分别为11.5 min、10.3 min,采用金刚砂的试件不足10 min。

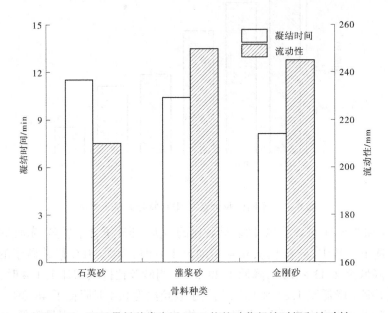

图 6-32　不同骨料种类赤泥 MPC 修补砂浆凝结时间和流动性

6.4.2　骨料种类对赤泥 MPC 修补砂浆力学性能的影响

骨料种类对赤泥 MPC 修补砂浆抗压强度的影响见图 6-33。由图 6-33 可见:石英砂、灌浆砂、金刚砂对赤泥 MPC 修补砂浆 28 d 抗压强度影响不大,分别为 49.7 MPa、48.3 MPa、47.0 MPa,变化幅度不明显。1.5 h 抗压强度分别 29.9 MPa、27.7 MPa、25.7 MPa。可以看出,采用石英砂的 MPC 修补砂浆早期强度和强度后期强度均为最佳。

图 6-34 为不同骨料种类赤泥 MPC 修补砂浆的抗折强度的变化规律,采用石英砂、灌浆砂、金刚砂 MPC 修补砂浆的 1.5 h 和 28 d 抗折强度分别为 5.5 MPa、4.6 MPa、4.1 MPa和 9.8 MPa、8.8 MPa、8.2 MPa。同抗压强度结论一致,使用石英砂的试件抗折强度最高。这是因为石英砂棱角较多、表面更粗糙,棱角状多面体增大了与 MPC 修补砂浆的黏结面积,因此界面黏结性更好,从而提高了 MPC 修补砂浆硬化体的力学性能。

6.4.3　骨料种类对赤泥 MPC 修补砂浆耐水性的影响

图 6-35 为不同骨料种类对赤泥 MPC 修补砂浆耐水性的影响。由图 6-35 可知,使用石英砂的试件浸水 28 d 抗压强度和强度保留系数最高,分别为 47.7 MPa、0.96;采用金刚砂的试件为 42.8 MPa、0.91。分析原因是石英砂表面粗糙和多棱角的特性提高了 MPC 修补砂浆基体的密实度,减少了孔隙,提高了耐水性。

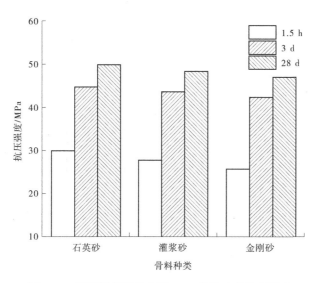

图 6-33　不同骨料种类赤泥 MPC 修补砂浆抗压强度

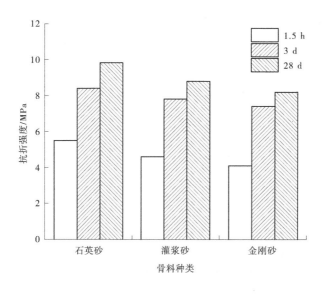

图 6-34　不同骨料种类赤泥 MPC 修补砂浆抗折强度

6.4.4　骨料种类对赤泥 MPC 修补砂浆毛细吸水特征的影响

图 6-36 为不同骨料类型下赤泥 MPC 修补砂浆的毛细吸水量随时间的变化规律,从图 6-36 可以看出:采用金刚砂的赤泥 MPC 修补砂浆的吸水总量和增速最大,并且毛细吸水量在浸水初期迅速增加,浸水 100 min 以内吸水量达到总吸水量的 26.0%,浸水 100~500 min,吸水量增加至总吸水量的 39.5%,浸水 500~3 600 min 吸水量线性增加,达到总吸水量的 83.3%,浸水 3 600 min 后吸水量仅有小幅增加,毛细吸水总量达到 25.80 g。石英砂和灌浆砂的赤泥 MPC 修补砂浆毛细吸水总量分别达到了 20.00 g 和 23.40 g。

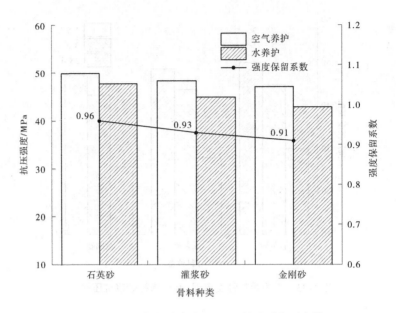

图 6-35　不同骨料种类赤泥 MPC 修补砂浆耐水性

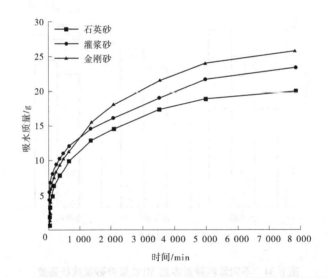

图 6-36　不同骨料种类赤泥 MPC 修补砂浆毛细吸水量随时间的变化曲线

　　图 6-37 为不同骨料种类赤泥 MPC 修补砂浆毛细吸水量随时间平方根的变化曲线,在 $t^{1/2}$ 为 60 $\mathrm{min}^{1/2}$ 之前,赤泥 MPC 修补砂浆的毛细吸水量与其呈线性关系, $t^{1/2}$ 继续增加毛细吸水量增幅明显减缓。不同骨料种类赤泥 MPC 修补砂浆的毛细吸收系数计算结果见表 6-9。

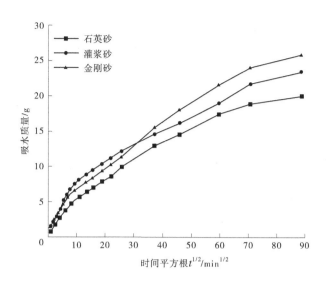

图 6-37　不同骨料种类赤泥 MPC 修补砂浆毛细吸水量随时间平方根的变化曲线

表 6-9　不同骨料种类赤泥 MPC 修补砂浆毛细吸收系数

砂胶比	石英砂	灌浆砂	金刚砂
毛细吸收系数/(mm/min$^{1/2}$)	0.207	0.315	0.328

由表 6-9 可以看出,使用金刚砂的赤泥 MPC 修补砂浆毛细吸收系数最大,采用石英砂的试件最小,使用灌浆砂的试件毛细吸收系数处于二者之间,3 种骨料类型的赤泥 MPC 修补砂浆毛细吸收系数由小到大分别为 0.207 mm/min$^{1/2}$、0.315 mm/min$^{1/2}$ 及 0.328 mm/min$^{1/2}$。

图 6-38 为试验得到的不同骨料种类赤泥 MPC 修补砂浆毛细孔隙率和 28 d 吸水率,由图 6-38 可以看出,骨料种类对赤泥 MPC 修补砂浆的毛细孔隙率和 28 d 吸水率产生显著的影响,采用金刚砂的赤泥 MPC 快速修补砂浆的毛细孔隙率和 28 d 吸水率均最大,使用石英砂的试件最小。

图 6-39 为不同骨料种类赤泥 MPC 修补砂浆水分表面渗入深度随时间变化规律,由图 6-39 可以看出,使用金刚砂的赤泥 MPC 修补砂浆表面渗入深度最大,并且在入水初期增长迅速,入水 3 600 min 时渗入深度基本保持不变,最终表面渗入深度为 7.82 cm,采用石英砂的试件表面渗入深度最小,为 6.15 cm。这是因为石英砂棱角多、表面粗糙,与 MPC 修补砂浆基体的界面黏结性较好,减少了基体内部的孔隙和裂缝,从而降低了赤泥 MPC 修补砂浆毛细吸水量、毛细孔隙率、毛细吸收系数和水分表面深入深度等指标。

6.4.5　骨料种类对赤泥 MPC 修补砂浆干缩率的影响

图 6-40 为不同骨料种类赤泥 MPC 修补砂浆干缩试件,表 6-10 为不同骨料种类赤泥 MPC 修补砂浆干缩值试验数据,图 6-41 为不同骨料种类赤泥 MPC 修补砂浆干缩率的变

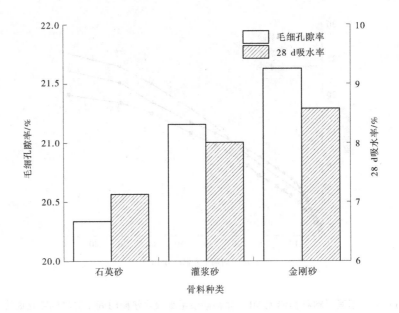

图 6-38　不同骨料种类赤泥 MPC 修补砂浆毛细孔隙率和 28 d 吸水率

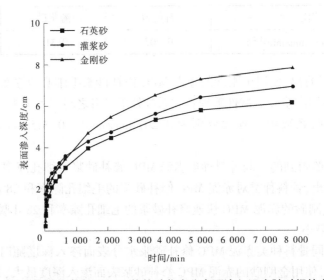

图 6-39　不同骨料种类赤泥 MPC 修补砂浆水分表面渗入深度随时间的变化规律

化规律,可以看出使用金刚砂的 MPC 修补砂浆干缩率最大,采用石英砂的试件干缩率最小,分别为 3.32×10^{-4} 和 2.43×10^{-4}。比较石英砂和金刚砂的表面特征,发现石英砂多棱角且表面粗糙,与 MPC 修补砂浆基体黏结良好,基体密实性高,因此表现出更高的抗收缩能力。

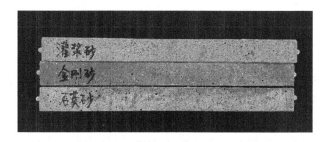

图 6-40 不同骨料种类赤泥 MPC 修补砂浆干缩试件

表 6-10 不同骨料种类赤泥 MPC 修补砂浆干缩值试验数据

骨料种类	试件编号	千分表测量数值/mm		干缩率/10^{-4}	干缩率平均值/10^{-4}
		初始读数(X_0)	28 d 测量读数(X_{28})		
石英砂	D1	7.065	6.999	2.36	2.43
	D2	7.059	6.992	2.39	
	D3	7.062	6.991	2.54	
灌浆砂	G1	6.452	6.377	2.68	2.74
	G2	6.448	6.369	2.82	
	G3	6.441	6.365	2.71	
金刚砂	J1	6.131	6.041	3.21	3.32
	J2	6.135	6.039	3.43	
	J3	6.129	6.036	3.32	

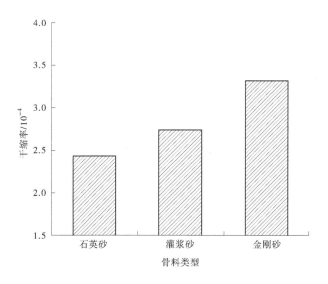

图 6-41 不同骨料种类赤泥 MPC 修补砂浆干缩率

6.5　本章小结

（1）经过预处理赤泥掺量对 MPC 修补砂浆影响规律的试验研究，发现当预处理赤泥掺量为 15% 时，各项性能达到最佳。凝结时间为 11.5 min，流动性为 210 mm，均满足相关规范要求，抗压强度和抗折强度 28 d 达到最高值分别为 49.7 MPa、9.8 MPa，强度保留系数高达 0.96。预处理赤泥的掺入大幅降低了 MPC 修补砂浆的水化放热量，可有效改善其集中放热问题。在该掺量下，硬化体内部的孔隙率降低，显著提高了整体结构的致密度，降低毛细吸收系数、毛细孔隙率及 28 d 吸水率等吸水特征指标。

（2）随着水胶比的增加，赤泥 MPC 修补砂浆的凝结时间和流动性均呈线性增长趋势，而力学性能逐渐降低，强度保留率小幅增加后显著下降。当水胶比从 0.20 增大至 0.28 时，28 d 抗压强度和抗折强度分别从 49.7 MPa、9.8 MPa 降低至 31.9 MPa、6.1 MPa。原因是水胶比持续增加时，多余的水分会留在赤泥 MPC 修补砂浆硬化体的空间结构中，待自由水分蒸发后，留下的孔隙致使其结构致密性降低，造成硬化结构变得疏松多孔，增大了其毛细孔隙率、毛细吸收系数和 28 d 吸水率，从而影响力学性能和耐水性的发展。

（3）砂胶比对赤泥 MPC 修补砂浆的凝结时间影响不大，流动性随着砂子含量的增大显著降低，其力学性能、耐水性均随着砂胶比的增大呈现先上升后下降的趋势。当砂胶比为 1.0 时，各项性能指标达到最佳。这说明砂胶比不大于 1.0 时，砂子的含量越高，越有利于 MPC 修补砂浆的强度发展；当砂胶比超过 1.0 时，赤泥 MPC 修补砂浆体系中的水泥浆体相对含量降低，导致水化产物生成量减少，降低了硬化体结构的密实性，导致强度降低。

（4）石英砂、灌浆砂和金刚砂 3 种细骨料对赤泥 MPC 修补砂浆的工作性、力学性能及耐水性影响不大，但三者的毛细吸收系数、毛细孔隙率等吸水特征及干缩率存在明显的差异。其中，使用金刚砂的 MPC 修补砂浆吸水总量、毛细孔隙率及干缩率最大，分别为 25.80 g、0.328 mm/min$^{1/2}$、3.32×10^{-4}。石英砂的最小，分别为 20.00 g、0.207 mm/min$^{1/2}$、2.43×10^{-4}。可以看出，石英砂作为赤泥 MPC 修补砂浆的细骨料是最优选择。

第 7 章　赤泥 MPC 修补砂浆物理力学性能随养护温度的演化机制

不同环境温度下 MPC 的水化反应速度不同,这与原材料在不同温度下的溶解度和溶解量密切相关。本章通过探究不同养护温度(−20 ℃、0 ℃、20 ℃和 40 ℃)对 MPC 修补砂浆的凝结时间、流动性、力学性能、耐水性、界面弯拉强度及干缩率的影响,探究 MPC 修补砂浆中基准组 R0 和优选组 R15 随温度的演化机制,分析负温和高温天气温度环境中 MPC 修补砂浆的水化硬化与常温环境养护的差异,为 MPC 修补砂浆在不同地区的应用与推广提供理论依据。本章为最大程度地模拟服役环境,采用恒温恒湿养护箱提前对原材料进行预处理,以确保原料温度与 MPC 修补砂浆试样所需的环境温度和固化温度一致,在室温下迅速搅拌成型后放入恒温恒湿养护箱中养护至规定龄期。

7.1　养护温度对基准 MPC 修补砂浆物理力学性能的影响

由于环境温度对 MPC 修补砂浆的物理力学性能产生显著的影响,为了模拟实际环境,需提前对原材料进行预处理,具体制备方法为:依据配合比,对原材料进行称重,提前将材料放入恒温恒湿养护箱中进行预处理 24 h,以确保原料温度与 MPC 修补砂浆试样所需的环境温度和固化温度一致。20 ℃和 40 ℃的相对湿度为(55±1)%,−20 ℃和 0 ℃没有湿度要求。为了保证 40 ℃环境中试验的可操作性,本章试验添加了工业白糖作为缓凝剂,故而 MPC 修补砂浆的物理力学性能与第 6 章的试验结果存在一定的差异。

7.1.1　养护温度对基准 MPC 修补砂浆凝结时间的影响

环境温度对基准 MPC 修补砂浆的凝结时间如图 7-1 所示。MPC 修补砂浆的凝结时间随着养护温度的增加而逐级递减。当养护温度为−20 ℃时,MPC 修补砂浆的凝结时间为 15.8 min;其在 0 ℃、20 ℃、40 ℃的凝结时间分别缩短了 1.7 min、1.9 min、9.4 min。MPC 修补砂浆在负温和 0 ℃的凝结时间明显延长,适宜于严寒环境修补工程的施工,这些变化主要是硼砂的溶解度和鸟粪石生成速度在不同温度下存在的差异而造成的。

首先,依据表 7-1 可知,硼砂在 0 ℃时的溶解度为 2.77 g/100 cm³,而 40 ℃时的溶解度为 8.90 g/100 cm³,其溶解量随养护温度的降低而减少,缓凝作用减弱;MPC 修补砂浆的凝结时间随养护温度的提高而缩短,特别是当养护温度低于 0 ℃时,硼砂的溶解度进一步降低,凝结时间延长。其次,低温会抑制 MPC 的水化进程,水化反应速度降低,浆体硬化过程变长,凝结时间延长;随着养护温度的提高,重烧 MgO 和 $NH_4H_2PO_4$ 的溶解度和溶解量逐级递增,但养护温度对 MgO 溶解度的影响略高于 $NH_4H_2PO_4$,因此体系的 Mg^{2+} 含量增大,反应环境的 pH 值升高,水化产物鸟粪石迅速生成,浆体在短时间内迅速转为胶结硬化态,凝结时间降低。

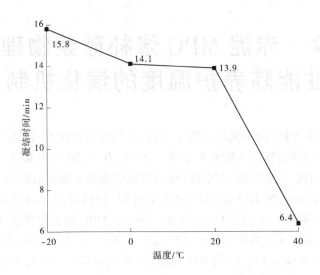

图 7-1　不同养护温度下基准 MPC 修补砂浆的凝结时间

表 7-1　不同温度下磷酸二氢铵和硼砂的溶解度

温度/℃	0	10	20	30	40	60
$NH_4H_2PO_4/$ （g/100 cm³）	22.7	39.5	37.4	46.4	56.7	82.5
$Na_2B_4O_7 \cdot 5H_2O/$ （g/100 cm³）	2.77	3.65	4.87	6.77	8.90	14.89

7.1.2　养护温度对基准 MPC 修补砂浆流动性的影响

不同养护温度对基准 MPC 修补砂浆流动性的影响如图 7-2 所示。随着养护温度的提高，MPC 修补砂浆的流动性逐渐增大，当养护温度从−20 ℃提高至 0 ℃时，流动性从 225 mm 小幅增长至 228 mm，说明在低温环境下，MPC 浆体的流动性对温度的敏感性较差，这是因为环境温度较低时，可溶性原材料的溶解度降低导致被水润湿的固体颗粒的比表面积进一步增加，混合物的流动性略有降低；提高养护温度至 20 ℃，MPC 砂浆的流动性从 228 mm 提高至 250 mm，增长幅度较大，养护温度继续提高至 40 ℃，流动性提高至 258 mm，满足施工要求，同时具备较好的力学性能。这是因为 MPC 的水化硬化基于溶解−扩散机制，环境温度越高，原材料的溶解度和反应活性越高，流动性越大。

7.1.3　养护温度对基准 MPC 修补砂浆力学性能的影响

图 7-3 和图 7-4 显示了不同温度对基准 MPC 修补砂浆力学性能的影响。如图 7-3 所示，各龄期 MPC 修补砂浆的抗压强度随养护温度的增加而增加，这说明负温养护不利于其抗压强度。当养护温度为−20 ℃时，各龄期的抗压强度最低，尤其是早期强度，其 1.5 h 强度仅为 21.2 MPa，随着水化龄期的增加，3 d 和 28 d 强度可达 37.3 MPa 和 39.1 MPa。

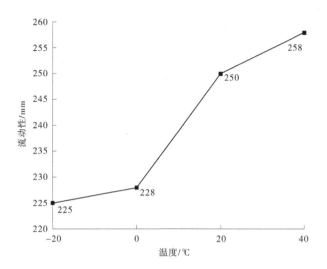

图 7-2　不同养护温度下基准 MPC 修补砂浆的流动性

这是因为在负温环境中,水化放热量减少,水化反应速度延缓,未参与水化反应的游离水蒸发量显著减少,同时随着 MPC 修补砂浆水化温度下降至环境温度,基体中游离水形成大量微孔并冻结,水化反应速度减缓甚至停止,鸟粪石生成量减少,强度无法进一步提升。

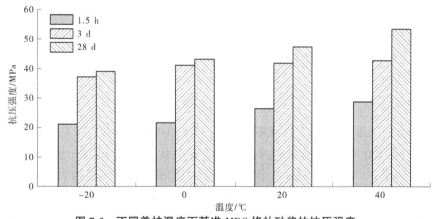

图 7-3　不同养护温度下基准 MPC 修补砂浆的抗压强度

当养护温度为 0 ℃时,各龄期的抗压强度较-20 ℃的增幅分别为 1.4%、10.1% 和 10.2%,采用过冷法测试饱和 $NH_4H_2PO_4$ 水溶液的冰点为-5.7 ℃[92],因此 0 ℃养护环境下 $NH_4H_2PO_4$ 可以快速溶解电离,有利于 MgO 的溶解,但因为 $NH_4H_2PO_4$ 在溶解阶段吸收热量,导致 MgO 的溶解速率显著降低,参与水化反应的 Mg^{2+} 数量受到限制,鸟粪石生成量显著减少,基体强度无法在早期迅速发展,在水化初期增幅较小。

当养护温度达到 40 ℃时,1.5 h、3 d、28 d 的抗压强度分别较-20 ℃提高了 26.1%、14.4% 和 36.6%。一方面,$NH_4H_2PO_4$ 的溶解度由 0 ℃的 22.7 g/100 cm³ 提高至 40 ℃的 56.7 g/100 cm³,迅速水解电离出 H^+、$H_2PO_4^{2-}$、PO_4^{3-},体系 pH 值降低,MgO 溶解速率提高,鸟粪石生成量增加,基体强度提高;另一方面,环境温度的提高加快了早期水化反应速率和内部水化温升,促进水化产物的生成,提高抗压强度。

图 7-4 为不同养护温度下 MPC 修补砂浆不同龄期的抗折强度,与抗压强度变化规律相反,各龄期的抗折强度随养护温度的提高逐渐降低,这说明低温环境对其抗弯性能有一定的改善作用。当养护温度为-20 ℃时,固化 28 d、3 d 和 1.5 h 的抗折强度分别为 9.3 MPa、7.4 MPa 和 7.3 MPa,而在 40 ℃下的抗折强度分别为 7.7 MPa、6.3 MPa、5.1 MPa,这是因为在负温养护时,基体中未反应的游离水形成大量微孔并结冰并彼此连接,提高了材料的弯曲强度;当养护温度从 0 ℃提高至 40 ℃时,水的黏度从 1.79 MPa·s 降低至 0.64 MPa·s,弯曲载荷下硬化结构中毛细水的迁移率提高,MPC 修补砂浆的抗折强度随养护温度的提高而逐渐降低。

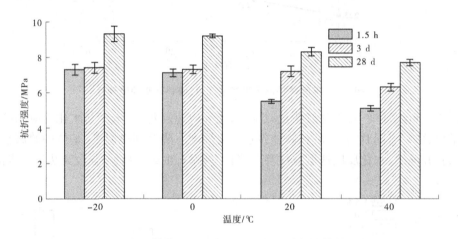

图 7-4　不同养护温度下基准 MPC 修补砂浆的抗折强度

7.1.4　养护温度对基准 MPC 修补砂浆耐水性的影响

养护温度对基准 MPC 修补砂浆耐水性的影响如图 7-5 所示。当养护温度为-20 ℃时,强度保留率为 0.82,提高养护温度至 40 ℃,强度保留率大幅下降,仅为 0.59,当养护温度由 0 ℃升至 20 ℃时,强度保留率略微升高,但幅度不大。这是因为环境温度对原材料的溶解度和溶解速率有着显著影响,从而影响了 MPC 修补砂浆的水化反应的速率和反应生成的氨气的排出,也改变了 MPC 修补砂浆的毛细孔隙特征、吸水特性和耐水性。

一方面,当 MPC 修补砂浆长期浸水时,水化产物中未反应的 $NH_4H_2PO_4$ 和反应生成的磷酸盐在孔溶液的作用下溶解,硬化结构孔溶液的 pH 值下降,且随着环境温度的提高,溶解度和溶解速率逐渐提高,溶液的 pH 值进一步降低;在酸性环境进一步促进 MgO、$MgNH_4PO_4·6H_2O$ 及其他中间相胶凝体的溶解,水解电离出的 Mg^{2+}、NH_4^+、PO_4^{3-} 等离子在样品表面迁移重结晶,致使基体表面或内部形成孔隙和裂缝,结构致密性降低和抗压强度下降。另一方面,在长期浸泡过程中,随着磷酸盐的溶出,MPC 修补砂浆的孔隙结构进一步劣化,养护温度越高,就会有更多的水通过毛细孔进入硬化体系。在以上两种过程的叠加作用下,MPC 修补砂浆的强度保留率随养护温度的提高而下降。

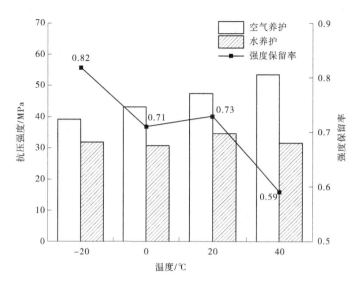

图 7-5　不同养护温度下 MPC 修补砂浆的耐水性

7.1.5　养护温度对基准 MPC 修补砂浆界面弯拉强度的影响

从图 7-6 可以看出,各龄期 MPC 修补砂浆的界面弯拉强度随养护温度的增加而逐渐降低。这是因为 MPC 修补砂浆的水化峰值温度与水化总热量随着养护温度的提高而增加[92],因此较高的环境温度与水化总热量相互叠加,加剧了 MPC 修补砂浆的水化反应速度(见图 7-1),水化产物鸟粪石迅速生成,但过快的水化反应速度与较短的养护时间使得鸟粪石存在缺陷且不稳定,同时作为二次浇筑得到的界面黏结处本身作为薄弱区,相较于浆体内部而言水化产物较少,存在孔隙,不够密实,二者相互叠加,黏结强度降低。

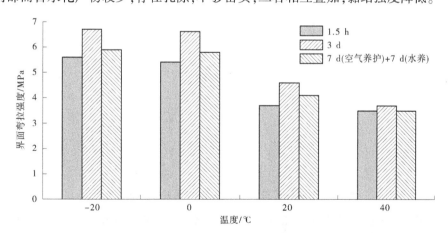

图 7-6　不同养护温度下基准 MPC 修补砂浆的界面弯拉强度

修复材料和水泥砂浆之间的黏结强度是物理和化学黏结力的综合结果,前者由修复砂浆的黏结能力决定,而后者则来自修复材料的化学成分和水化产物及旧水泥的矿物成分。对 RMPM 来说,其化学结合强度来自于水化产物中的磷酸盐与混凝土截面中富含的

$Ca(OH)_2$ 反应,产生无定型凝胶,因此 MPC 修补砂浆具有良好的界面接合性能。当养护温度高时,在水化初期就有更多的氨气溢出,并部分聚集于新旧砂浆的界面区域,造成了该区域的致密度随着环境温度的升高而降低。

值得注意的是,不同养护温度下 7 d 空气养护+7 d 水养试件的界面弯拉强度均低于 3 d 所测强度。这里需要再次强调一下测试方法,本试验依据相关规范 14 d 的养护方法包括空气养护 7 d 和之后的水养 7 d。在水中养护界面弯拉强度试件时,水分可以通过孔隙进入黏结界面内部,溶解本身作为界面薄弱区的普通硅酸盐水泥中的 $Ca(OH)_2$,溶液的 pH 值升高。目前大多数学者认为 $MgNH_4PO_4 \cdot 6H_2O$ 和 $NH_4H_2PO_4$ 在强酸或强碱的环境中都不稳定,易水解[102],致使鸟粪石的量进一步降低,而水化产物自身的黏结性是界面弯拉强度的重要来源之一,因此水化产物量减少,黏结界面的密实度、机械咬合力和黏结性进一步下降,界面弯拉强度降低。

7.1.6　养护温度对基准 MPC 修补砂浆干缩率的影响

如图 7-7 所示,MPC 修补砂浆的干缩率随养护温度的提高而降低,当养护温度从 -20 ℃提高至 0 ℃时,MPC 的干缩率从 0.48‰降至 0.41‰,有小幅下降,继续提高养护温度至 20 ℃,干缩率为负值,说明 MPC 修补砂浆在干燥过程中略有膨胀,当养护温度为 40 ℃时,干缩率为 -0.25‰。试验数据说明 MPC 修补砂浆与传统修补砂浆类似,也具有热胀冷缩的特征,也侧面证明新旧砂浆具有接近的温度变形特征。

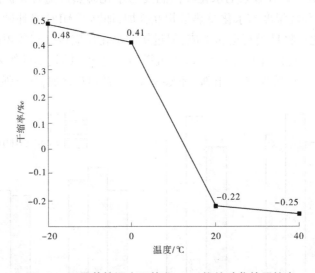

图 7-7　不同养护温度下基准 MPC 修补砂浆的干缩率

根据相关规范要求和干燥收缩试验的可操作性,在 -20 ℃和 0 ℃样品养护时,环境相对湿度为 0,20 ℃和 40 ℃养护时则为 50%,因此低温养护时,基体中的游离水随着环境温度的提高积极参与外界的湿度交换,28 d 干燥养护过程中,自由水不断蒸发,干缩率增大;另外,低温养护环境下,MgO 的溶解速率和反应活性降低,抵抗收缩能力减弱,干缩率增大[103]。当养护温度高于 20 ℃时,随着养护温度的提高,MgO 和 $NH_4H_2PO_4$ 的溶解度和反应活性增大,水化反应速率加快,同时外界环境湿度为 50%,减少了游离水与外界的湿度交换,二者叠加作用减少了游离水的蒸发,随着养护龄期的增加,基体中未反应的 $NH_4H_2PO_4$ 和作为骨架的 MgO 继续水化,鸟粪石生成量增加,线膨胀率增大[98]。

7.2　养护温度对赤泥 MPC 修补砂浆物理力学性能的影响

7.2.1　养护温度对赤泥 MPC 修补砂浆凝结时间的影响

图 7-8 为优化组赤泥 MPC 修补砂浆(R15)在不同养护温度下的凝结时间。如图 7-8 所示,随着养护温度的提高,MPC 修补砂浆的凝结时间逐渐缩短。当养护温度为 −20 ℃ 时,MPC 修补砂浆的凝结时间为 15.2 min,提高养护温度至 40 ℃,各个温度的凝结时间较 −20 ℃ 分别缩短了 0.5 min、2.1 min 和 9 min。0 ℃ 和 −20 ℃ 养护下的凝结时间主要受硼砂的溶解度的影响,硼砂在 0 ℃ 时的溶解度为 2.77 $g/100\ cm^3$,显著低于 20 ℃ 时的 4.87 $g/100\ cm^3$,其缓凝作用减弱。

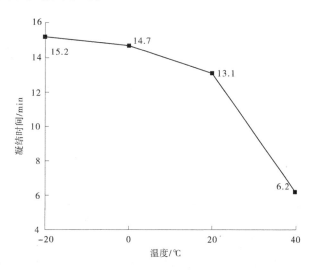

图 7-8　不同养护温度下 MPC 修补砂浆的凝结时间

MPC 修补砂浆的水化硬化基于溶液扩散机制,环境温度对 $NH_4H_2PO_4$、MgO 和硼砂的溶解度和溶解速率有显著影响,一方面,当养护温度从 0 ℃ 提高至 40 ℃ 时,硼砂的溶解度从 2.77 $g/100\ cm^3$ 提高至 8.90 $g/100\ cm^3$,缓凝作用随养护温度的降低而减弱,凝结时间延长,当养护温度低于 0 ℃ 时,硼砂的溶解度进一步降低,凝结时间进一步延长;另一方面,掺入赤泥降低了 MPC 体系中 MgO 的浓度及缓凝剂掺量,延迟了 MgO 溶解和酸碱相互作用;另外,赤泥的加入也减少了 MgO 和 $NH_4H_2PO_4$ 总量,降低了鸟粪石的连续性。上述作用二者叠加效应致使其凝结时间较基准 MPC 修补砂浆缩短。

7.2.2　养护温度对赤泥 MPC 修补砂浆流动性的影响

不同养护温度下赤泥掺量 $w=15\%$ 的 MPC 修补砂浆的流动性如图 7-9 所示。结果表明,随着养护温度的提高,MPC 修补砂浆的流动性逐渐增加。当养护温度为−20 ℃时,流动性较差,仅有 248 mm,提高养护温度至 40 ℃,流动性可达 273 mm,这是因为随着环境温度的提高,原材料的溶解度和反应活性逐级递增,流动性增大;与基准 MPC 修补砂浆低温时流动性增幅不大,温度较高时有较大增幅有所不同,该组各个温度的增长幅度相差甚微。

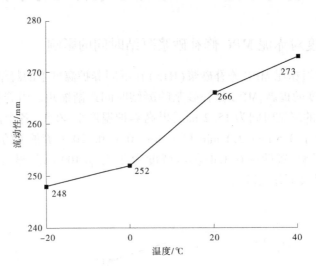

图 7-9　不同养护温度下 MPC 修补砂浆的流动性

7.2.3　养护温度对赤泥 MPC 修补砂浆力学性能的影响

图 7-10 和图 7-11 显示了环境温度变化对 R15 力学性能的影响。如图 7-10 所示,当赤泥掺量 $w = 15\%$时,各龄期的抗压强度随养护温度的增加而递增。−20 ℃养护环境下,MPC 修补砂浆各龄期的抗压强度影响最为显著,其养护 1.5 h、3 d 和 28 d 的抗压强度分别为 28.2 MPa、43.5 MPa、44.2 MPa。一方面,负温环境抑制了 MPC 修补砂浆的水化反应速度;另一方面,温度的降低使参与酸碱反应的原材料数量和赤泥反应活性受到限制,水化产物生成量减少,基体强度较常温下有所降低。提高养护温度至 0 ℃,各龄期的增幅分别为 6.7%、8.7%、15.2%,这是因为 MPC 修补砂浆的凝结速度较快,0 ℃养护时的凝结时间为 14.7 min,水化放热相对集中,短时间内形成的放热量可以保证材料内部在较高的温度环境下正常水化,力学性能提高。

40 ℃养护环境下,R15 各龄期的抗压强度分别较−20 ℃提高了 16.3%、18.6% 和 34.2%,一方面,养护温度的增加提高了赤泥的反应活性,其二次水化反应使填充效应更加明显;另一方面,$NH_4H_2PO_4$ 和 MgO 溶解速率的提高加快了内部水化温升和水化反应速率,鸟粪石生成量增加,基体强度提高。

图 7-11 为 MPC 修补砂浆在赤泥掺量 $w = 15\%$时不同养护温度下的抗折强度。随着养护温度的提高,MPC 修补砂浆的抗折强度逐渐降低,这与基准组试件随养护温度的变化一致。当养护温度为−20 ℃时,各龄期的抗折强度分别为 8.1 MPa、8.2 MPa 和 10.3 MPa,提高养护温度至 0 ℃,各龄期抗折强度出现小幅下降,分别为 7.5 MPa、7.9 MPa 和

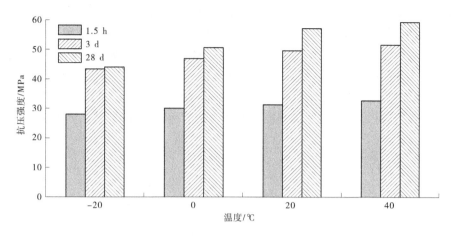

图 7-10　不同养护温度下 MPC 修补砂浆的抗压强度

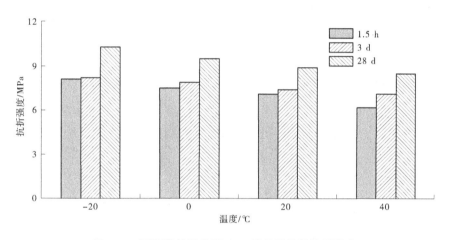

图 7-11　不同养护温度下 MPC 修补砂浆的抗折强度

9.5 MPa,当养护温度为 20 ℃时,各龄期的抗折强度分别较-20 ℃降低了 0.6 MPa、0.3 MPa 和 0.8 MPa,继续提高环境温度为 40 ℃,其 1.5 h、3 d 和 28 d 的抗折强度分别降至 6.2 MPa、7.1 MPa 和 8.5 MPa。这是因为低温养护时,基体内游离水冻结成冰填充在孔隙中,提高了材料的抗折强度,温度升高时,水的黏度降低致使硬化结构中毛细水的迁移率提高,抗折强度降低。

对比图 7-3 和图 7-4、图 7-10 和图 7-11 的试验结果可以看出,不同养护温度下赤泥 MPC 修补砂浆的抗压强度和抗折强度均略高于基准组试件,这说明适宜掺量的预处理有助于改善 MPC 修补砂浆的力学性能,也说明了预处理赤泥取代部分 MgO 和磷酸二氢铵后,MPC 修补砂浆在负温环境中仍具有良好的抗压强度和抗弯性能。

7.2.4　养护温度对赤泥 MPC 修补砂浆耐水性的影响

图 7-12 为 R15 在不同养护温度下的强度保留率。由图 7-12 可知,MPC 修补砂浆的强度保留率随养护温度的提高而降低,当养护温度从-20 ℃提高至 0 ℃时,MPC 修补砂

浆的强度保留率从 0.81 降至 0.72,下降幅度为 11.1%,当养护温度为 20 ℃ 时,强度保留率与 0 ℃ 相同,继续提高养护温度至 40 ℃,强度保留率仅 0.61,较 -20 ℃ 降低了 24.7%,下降幅度较大。这是因为随着养护温度的提高,$NH_4H_2PO_4$ 的溶解度逐渐增大,在 40 ℃ 时的溶解度为 56.7 g/100 cm³,是 0 ℃ 下的 2.5 倍,因此随着环境温度升高,溶液的 pH 值降低,进一步促进水化产物的溶解,水养强度降低,耐水性下降。对比图 7-5 和图 7-12 可知,赤泥 MPC 修补砂浆 40 ℃ 时的强度保留率较基准组略有提升,其余养护温度下的强度保留基本没有差异。

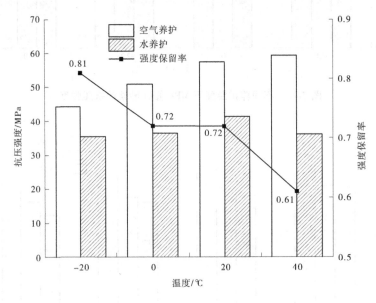

图 7-12　不同养护温度下 MPC 修补砂浆的耐水性

7.2.5　养护温度对赤泥 MPC 修补砂浆界面弯拉强度的影响

图 7-13 显示了赤泥掺量 $w = 15\%$ 时不同养护温度下 MPC 修补砂浆的界面弯拉强度。随着养护温度的提高,MPC 修补砂浆的界面弯拉强度逐级递减,当养护温度为 -20 ℃ 时,MPC 修补砂浆各龄期的界面弯拉强度分别为 5.8 MPa、6.1 MPa 和 6 MPa,强度变化幅度不大,当养护温度为 0 ℃ 时,其 1.5 h、3 d 和 14 d 的界面弯拉强度有小幅下降,分别下降了 0.6 MPa、0.4 MPa 和 0.7 MPa,继续提高养护温度至 20 ℃,各龄期弯拉强度下降幅度较大,当养护温度为 40 ℃ 时,下降幅度有所延缓。

这是因为养护温度提高,水化速度加快,水化产物生成量大但存在缺陷且不稳定,且作为薄弱区的界面黏结区域,相对于浆体内部而言水化产物更少,密实度较低,黏结强度降低。与抗折强度变化规律不同,MPC 修补砂浆的界面弯拉强度的 3 d 强度高于 14 d,这是因为 14 d 的养护方式包含 7 d 水养导致的。对比图 7-6 和图 7-13 的试验数据可知,-20 ℃ 和 0 ℃ 养护的赤泥 MPC 修补砂浆的界面弯拉强度明显低于基准试件,这是由于赤泥的掺入降低了 MPC 在低温环境中的水化热和水化反应速度,不利于修补砂浆早期的黏结强度的发展,但有利于其在常温环境中的黏结强度。

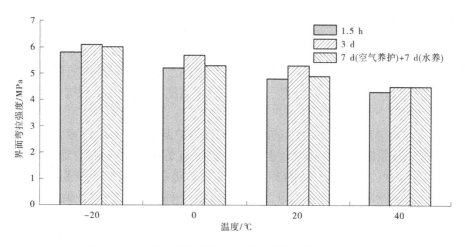

图 7-13　不同养护温度下 MPC 修补砂浆的界面弯拉强度

7.2.6　养护温度对赤泥 MPC 修补砂浆干缩率的影响

图 7-14 为不同养护温度下 R15 的干缩率,由图 7-14 可知,随着养护温度的提高,MPC 修补砂浆的线收缩率逐级递减,低温养护即环境温度为−20 ℃和 0 ℃时,MPC 修补砂浆的干缩率分别为 0.39‰和 0.35‰,降低幅度不大,即发生线性收缩,当养护温度分别为 20 ℃和 40 ℃时,干缩率分别为−0.42‰和−0.57‰,说明在该养护温度下发生线性膨胀。这是因为低温养护下原材料的溶解度较低,同时赤泥的掺入提高了系统的比表面积,自由水量减少,与外界湿度交换率增大,干缩率增大,当养护温度较高时,水化速率加快,鸟粪石生成量增加,线膨胀率增大。

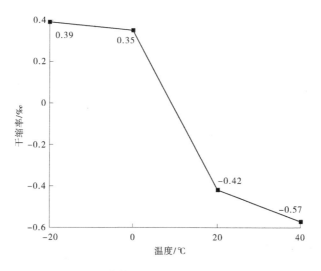

图 7-14　不同养护温度下 MPC 修补砂浆的干缩率

7.3　本章小结

本章主要选取基准 MPC 修补砂浆和优选赤泥掺量 MPC 修补砂浆的凝结时间、流动性、力学性能、耐水性、界面弯拉强度、干缩率随养护温度的演化规律,根据试验结果,得出以下结论:

(1)基准 MPC 修补砂浆和 R15 的凝结时间随养护温度的增加而递减,流动性逐渐增大;各龄期的抗压强度随养护温度的增加逐渐增大,抗折强度正好相反,随养护温度的增加而递减;基准 MPC 修补砂浆和 R15 的强度保留率随养护温度的提高整体呈现下降趋势;基准 MPC 修补砂浆和 R15 在-20 ℃和 0 ℃养护条件下,具有力学性能和耐水性。

(2)各龄期基准 MPC 修补砂浆和 R15 的界面弯拉强度随养护温度的增加逐级递减,且 14 d 的界面弯拉强度均低于 3 d 的界面弯拉强度,这是因为 14 d 的养护方式包含 7 d 空气养护和 7 d 水养导致的;基准 MPC 修补砂浆和 R15 的干缩率随着养护温度的提高逐级递减,当养护温度为-20 ℃和 0 ℃时干缩率为正值,即发生线性收缩,当养护温度为 20 ℃和 40 ℃时,干缩率为负值,发生线性膨胀。

第 8 章　聚合物纤维增强赤泥 MPC 修补砂浆物理力学性能研究

MPC 修补砂浆与传统水泥基修补砂浆都是典型的脆性材料,引入塑性纤维能够改善其变形性能,从而提升修补构件的变形性能和服役寿命。聚合物纤维能够有效提高修补砂浆的弯曲韧性和应变能力及与旧混凝土的黏结性能,并适宜于混凝土结构修复的施工工艺。为此,本章系统研究赤泥 MPC 修补砂浆凝结时间、流动度、力学性能、界面弯拉强度和干缩率随聚合物纤维种类、掺量和长度的变化规律,阐明聚合物纤维对赤泥 MPC 修补砂浆变形性能和体积稳定性的影响机制。

8.1　聚合物纤维种类对赤泥 MPC 修补砂浆物理力学性能的影响

本次试验分别将聚丙烯纤维、聚乙烯醇纤维、聚酯纤维掺入赤泥 MPC 修补砂浆,探究聚合物纤维对修补砂浆性能的影响,纤维掺量 $\varphi = 1.6\%$,赤泥掺量 $w = 15\%$,水胶比为 0.20,砂胶比为 1.0,缓凝剂 $w = 12\%$,不同纤维类型赤泥 MPC 修补砂浆配合比见表 8-1。

表 8-1　不同纤维类型赤泥 MPC 修补砂浆配合比

纤维类型	纤维掺量/%	纤维长度/mm	M/P	水胶比	缓凝剂/%	砂胶比
聚乙烯醇纤维	1.6	6	3/1	0.20	12	1.0
聚丙烯纤维	1.6	6	3/1	0.20	12	1.0
聚酯纤维	1.6	6	3/1	0.20	12	1.0

8.1.1　聚合物纤维种类对赤泥 MPC 修补砂浆凝结时间和流动性的影响

图 8-1 为聚合物纤维种类对赤泥 MPC 修补砂浆凝结时间和流动性的影响,由图 8-1 可知:掺入聚合物纤维后赤泥 MPC 修补砂浆的凝结时间显著缩短,流动性降低。其中,未掺纤维组的赤泥 MPC 修补砂浆凝结时间为 11.5 min,掺入聚乙烯醇纤维、聚丙烯纤维和聚酯纤维后凝结时间分别缩短为 10.2 min、8.0 min 和 9.2 min。

分析原因是将纤维掺入到体系中后提高了需水量,消耗掉部分水,自由水的迁移受到了限制,凝结时间缩短。流动性从 210 mm 分别降至 135 mm、110 mm 和 120 mm。这是由于赤泥 MPC 修补砂浆体系中的部分水泥浆体,用于包裹细小的聚合物纤维,自由浆体量减少,砂浆的稠度增加,从而降低了流动性。综合以上试验结果,掺入聚乙烯醇纤维的赤泥 MPC 修补砂浆凝结时间相对最长,流动性最佳,并且均符合《磷酸镁修补砂浆》(JC/T

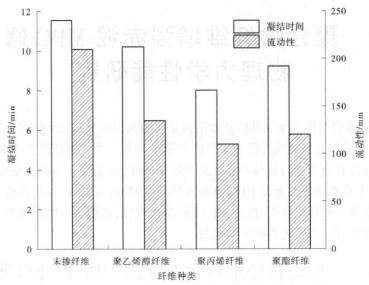

图 8-1　不同纤维种类赤泥 MPC 修补砂浆凝结时间和流动性

2537—2019)的要求。

8.1.2　聚合物纤维种类对赤泥 MPC 修补砂浆力学性能的影响

聚合物纤维种类对赤泥 MPC 修补砂浆力学性能的影响见图 8-2、图 8-3。由图 8-2 可以看出,掺入聚乙烯醇纤维、聚丙烯纤维和聚酯纤维后,均降低了赤泥 MPC 修补砂浆抗压强度,各试验组 28 d 抗压强度分别为 40.5 MPa、37.5 MPa、31.1 MPa,1.5 h 抗压强度分别 21.9 MPa、18.7 MPa、16.9 MPa。

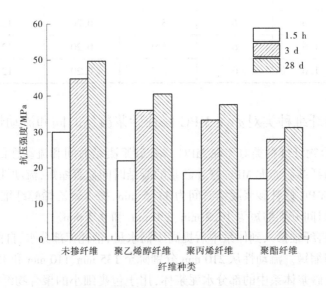

图 8-2　不同纤维种类赤泥 MPC 修补砂浆抗压强度

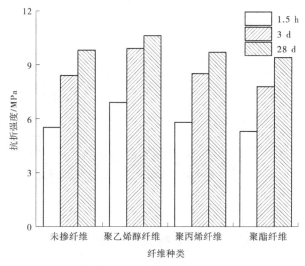

图 8-3　不同纤维种类赤泥 MPC 修补砂浆抗折强度

聚乙烯醇纤维试验组受纤维影响相对最小,其原因为聚乙烯醇纤维试验组流动性能较其他纤维组更优,水泥基体中孔隙率更低,结构更加密实;聚乙烯醇纤维在基体受压时能适当提供强度,由于其整体密实度较未掺纤维差,因此纤维对 MPC 修补砂浆抗压强度具有削弱作用,但聚乙烯醇纤维削弱作用最弱。

由图 8-3 可知:掺入聚乙烯醇纤维、聚丙烯纤维和聚酯纤维的赤泥 MPC 修补砂浆 1.5 h 和 28 d 抗折强度分别为 6.9 MPa、5.8 MPa、5.3 MPa 和 10.6 MPa、9.7 MPa、9.4 MPa,掺入聚乙烯醇纤维的试验组抗折强度最高。这是由于聚乙烯醇纤维、聚丙烯纤维和聚酯纤维相比,具有强度高、弹性模量高等特点,同时聚乙烯醇纤维与水泥基材有良好的亲和力[108],因此赤泥 MPC 修补砂浆受拉力时聚乙烯醇纤维所承受的拉应力较多;随着水化龄期变长,水泥基体与纤维连接更紧密。综上可知,聚乙烯醇纤维对赤泥 MPC 修补砂浆抗折强度具有改善作用。

另外,各聚合物纤维种类的赤泥 MPC 修补砂浆抗压强度和抗折强度随着龄期的延长而提高,尤其是早期强度发展速度较为明显,后期强度出现不同程度的上升。掺入聚乙烯醇纤维的赤泥 MPC 修补砂浆 1.5 h 至 3 d 抗压强度的增幅为 63.9%,3 d 至 28 d 增幅为 12.8%,聚丙烯纤维的试件分别为 77.5%、13.0%,聚酯纤维的试件分别为 64.5%、11.9%。掺入聚乙烯醇纤维的赤泥 MPC 修补砂浆 1.5 h 至 3 d 抗折强度的增幅为 43.5%,3 d 至 28 d 增幅为 7.1%,聚丙烯纤维的试件分别为 46.6%、14.1%,聚酯纤维的试件分别为 47.2%、20.5%。

8.1.3　聚合物纤维种类对赤泥 MPC 修补砂浆界面弯拉强度的影响

图 8-4 为不同聚合物纤维种类赤泥 MPC 修补砂浆界面弯拉强度试件,不同纤维种类对赤泥 MPC 修补砂浆的界面弯拉强度影响如图 8-5 所示,掺入聚乙烯醇纤维、聚丙烯纤维和聚酯纤维后各龄期的界面弯拉强度相较于未掺纤维组的均有所提高。其中,1.5 h 界面弯拉强度分别为 2.8 MPa、2.6 MPa 和 2.5 MPa。随着养护龄期的延长,赤泥 MPC 修

补砂浆的界面弯拉强度逐渐上升,3 d 龄期的界面弯拉强度分别为 4.9 MPa、4.0 MPa 和 3.9 MPa,上升了 75.0%、53.8% 和 56.0%。7 d 空气养护后再浸水 7 d 的界面弯拉强度开始下降,分别为 4.5 MPa、3.8 MPa、3.6 MPa,均满足相关规范要求。

图 8-4　不同纤维种类赤泥 MPC 修补砂浆界面弯拉强度试件

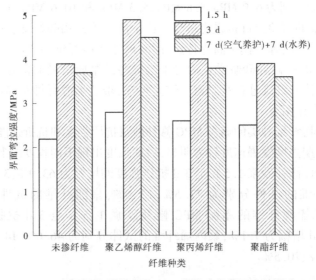

图 8-5　不同纤维种类赤泥 MPC 修补砂浆界面弯拉强度

综合以上试验结果可以得出,掺入聚乙烯醇纤维的砂浆试件的界面弯拉强度最佳。这是由于聚乙烯醇纤维自身弹性模量高,在 MPC 修补砂浆受拉力时所承受的拉应力较多,与水泥基体连接更紧密。

8.1.4　聚合物纤维种类对赤泥 MPC 修补砂浆干缩率的影响

表 8-2 为不同聚合物纤维种类赤泥 MPC 修补砂浆干缩值试验数据,图 8-6 为不同纤维种类赤泥 MPC 修补砂浆的干缩试件,图 8-7 为不同纤维种类赤泥 MPC 修补砂浆干缩率的变化规律。可以看出,掺入聚合物纤维后,赤泥 MPC 修补砂浆的干缩率均有所下降。其中,掺入聚乙烯醇纤维试件的干缩率最小,为 2.25×10^{-4};掺入聚丙烯纤维的干缩率最大,为 2.40×10^{-4}。这是由于适量的聚合物纤维均匀分布在赤泥 MPC 修补砂浆硬化体内部,形成了包裹着水泥浆体的三维网结构,有效吸收并分散了干燥收缩的能量,从而抑制了赤泥 MPC 修补砂浆的干缩率。

表 8-2　不同纤维种类赤泥 MPC 修补砂浆干缩值试验数据

纤维种类	试件编号	千分表测量数值/mm		干缩率/10^{-4}	干缩率平均值/10^{-4}
		初始读数(X_0)	28 d 测量读数(X_{28})		
未掺纤维	D1	7.065	6.999	2.36	2.43
	D2	7.059	6.992	2.39	
	D3	7.062	6.991	2.54	
聚乙烯醇纤维	PVA4-1	6.832	6.769	2.25	2.25
	PVA4-2	6.856	6.794	2.21	
	PVA4-3	6.827	6.763	2.29	
聚丙烯纤维	PP1	7.821	7.753	2.43	2.40
	PP2	7.893	7.824	2.46	
	PP3	7.852	7.787	2.32	
聚酯纤维	PET1	7.286	7.217	2.46	2.38
	PET2	7.279	7.214	2.32	
	PET3	7.255	7.189	2.36	

图 8-6　不同纤维种类赤泥 MPC 修补砂浆的干缩试件

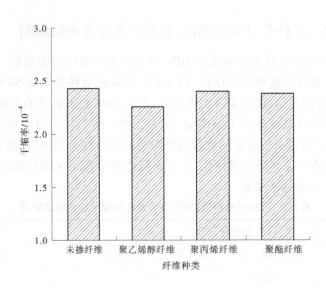

图 8-7　不同纤维种类赤泥 MPC 修补砂浆干缩率

8.2　聚乙烯醇纤维掺量对赤泥 MPC 修补砂浆物理力学性能的影响

　　为了研究聚乙烯醇纤维掺量对赤泥 MPC 修补砂浆的影响,采用体积法向赤泥 MPC 修补砂浆中掺入不同掺量的聚乙烯醇纤维,$\varphi = 0$、0.4%、0.8%、1.2%、1.6%、2.0%,赤泥掺量 $w = 15\%$、水胶比为 0.20,砂胶比为 1.0,缓凝剂 $w = 12\%$,表 8-3 为各聚乙烯醇掺量赤泥 MPC 修补砂浆配合比。

表 8-3　不同聚乙烯醇纤维掺量赤泥 MPC 修补砂浆配合比

编号	聚乙烯醇纤维掺量/%	聚乙烯醇纤维长度/mm	M/P	水胶比	缓凝剂/%	砂胶比
PVA-0	0	6	3/1	0.20	12	1.0
PVA-1	0.4	6	3/1	0.20	12	1.0
PVA-2	0.8	6	3/1	0.20	12	1.0
PVA-3	1.2	6	3/1	0.20	12	1.0
PVA-4	1.6	6	3/1	0.20	12	1.0
PVA-5	2.0	6	3/1	0.20	12	1.0

8.2.1　聚乙烯醇纤维掺量对赤泥 MPC 修补砂浆凝结时间和流动性的影响

　　不同聚乙烯醇纤维掺量对赤泥 MPC 修补砂浆凝结时间和流动性的影响见图 8-8。赤泥 MPC 修补砂浆凝结时间随着聚乙烯醇纤维掺量的增加先增加后减少,PVA-0 凝结时间为 11.5 min，PVA-1 凝结时间增加至 12.67 min，延长了 1.17 min，PVA-2 与 PVA-0 的凝结时间相差不多，其余聚乙烯醇纤维掺量的赤泥 MPC 修补砂浆的凝结时间均缩短。这是由于少量的聚乙烯醇纤维在浆体中分布均匀，阻碍了反应进行，使水化反应速率下降，延长了凝结时间，但掺量过多会增大水泥浆体需水量，从而导致凝结时间缩短。

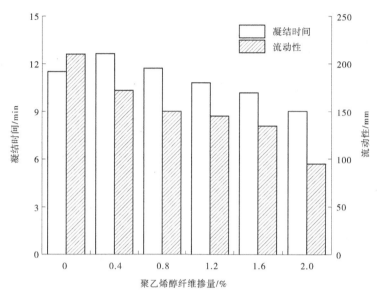

图 8-8　不同聚乙烯醇纤维掺量赤泥 MPC 修补砂浆凝结时间和流动性

　　赤泥 MPC 修补砂浆流动性随着聚乙烯醇纤维掺量的增加而降低，未掺聚乙烯醇纤维的赤泥 MPC 修补砂浆流动性为各组最佳，流动度达到 210 mm，PVA-1 至 PVA-5 流动度分别为 172 mm、150 mm、145 mm、135 mm、95 mm。各聚乙烯醇纤维掺量的赤泥 MPC 修补砂浆流动性相对 PVA-0 分别下降 18.1%、28.6%、31.0%、35.7%、54.8%。主要原因是聚乙烯醇纤维比表面积较大、需水量较高，因此随着掺量的增加，流动性显著降低。

8.2.2　聚乙烯醇纤维掺量对赤泥 MPC 修补砂浆力学性能的影响

　　不同聚乙烯醇纤维掺量对赤泥 MPC 修补砂浆抗压强度的影响如图 8-9 所示。由图 8-9 可知，赤泥 MPC 修补砂浆抗压强度随着聚乙烯醇纤维掺量的增加小幅下降。未掺纤维时的试件 28 d 抗压强度为 49.7 MPa，掺入聚乙烯醇纤维掺量为 1.6% 的赤泥 MPC 修补砂浆 28 d 抗压强度降至 40.5 MPa，聚乙烯醇纤维掺量继续增加至 2.0%，MPC 修补砂浆 28 d 抗压强度最低，为 38.9 MPa。

　　图 8-10 为不同聚乙烯醇纤维掺量对赤泥 MPC 修补砂浆抗折强度的影响，由图 8-10 可以看出，赤泥 MPC 修补砂浆的抗折强度随着聚乙烯醇纤维掺量的增加先上升后下降。未掺纤维时的赤泥 MPC 修补砂浆的 28 d 抗折强度为 9.8 MPa，掺入聚乙烯醇纤维掺量为 1.6% 时的试件 28 d 抗折强度为 10.6 MPa，相对于 PVA-0 试件 28 d 抗折强度提高了 8.2%，随着掺量继续增大，抗折强度呈现下降的趋势。PVA-5 试件 28 d 抗折强度降至 10.2 MPa。

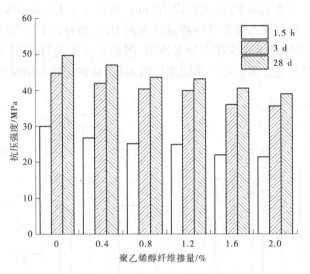

图 8-9　不同聚乙烯醇纤维掺量赤泥 MPC 修补砂浆抗压强度

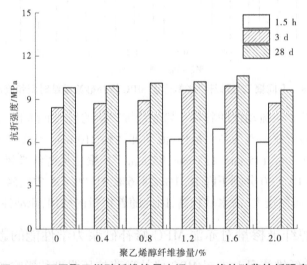

图 8-10　不同聚乙烯醇纤维掺量赤泥 MPC 修补砂浆抗折强度

　　另外,各聚乙烯醇纤维掺量的赤泥 MPC 修补砂浆抗压强度和抗折强度随着龄期的延长而提高,尤其是早期强度发展速度较为明显,后期强度出现不同程度的上升。PVA-1试件 1.5 h 至 3 d 抗压强度的增幅为 56.9%,3 d 至 28 d 增幅为 11.9%,PVA-4 试件分别为 63.9%、12.8%。PVA-1 试件 1.5 h 至 3 d 抗折强度的增幅为 50.0%,3 d 至 28 d 增幅为 13.8%, PVA-4 试件分别为 43.5%、7.1%。

　　掺入聚乙烯醇纤维会降低赤泥 MPC 修补砂浆的抗压强度,这是因为纤维在试件中的搭接强度明显低于赤泥 MPC 修补砂浆基体本身的强度,并且纤维的掺入会影响体系内水化反应的进行,减少了水化产物的生成量。因此,聚乙烯醇纤维掺量越高,赤泥 MPC 修补砂浆抗压强度越低,相关微观结构见图 8-11。相反,聚乙烯醇纤维的掺入会提高赤泥MPC 修补砂浆的抗折强度。通过对比分析发现聚乙烯醇纤维掺量为 1.6%时,赤泥 MPC

修补砂浆抗折强度最高,当聚乙烯醇纤维掺量为 2.0% 时,抗折强度开始下降。

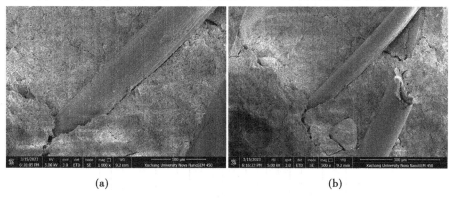

(a)　　　　　　　　　　　(b)

图 8-11　掺入聚乙烯醇纤维 MPC 修补砂浆微观结构

这是由于聚乙烯醇纤维弹性模量较高,随着掺量的增加,赤泥 MPC 修补砂浆受拉力时聚乙烯醇纤维所承受的拉应力较多,与水泥基体的搭接更为紧密,抗折强度有所提高。但聚乙烯醇纤维掺量继续增加会导致赤泥 MPC 修补砂浆内部的纤维发生团聚现象,破坏基体内部结构,受外力的情况下会产生集中应力从而降低赤泥 MPC 修补砂浆的力学性能。

8.2.3　聚乙烯醇纤维掺量对赤泥 MPC 修补砂浆界面弯拉强度的影响

图 8-12 为不同聚乙烯醇纤维掺量赤泥 MPC 修补砂浆界面弯拉强度试件,聚乙烯醇纤维掺量对赤泥 MPC 修补砂浆的界面弯拉强度影响如图 8-13 所示,赤泥 MPC 修补砂浆的界面弯拉强度随着聚乙烯醇纤维掺量的增加呈现先增大后减小的趋势,随着养护龄期的延长,修补砂浆的界面弯拉强度显著提高,但在 7 d 空气养护后再浸水 7 d 的界面弯拉强度开始下降。其中,聚乙烯醇纤维掺量为 1.6% 的砂浆试件 3 d 界面弯拉强度最佳,达到 4.9 MPa。当聚乙烯醇纤维掺量继续增加到 2.0% 时,3 d 界面弯拉强度下降为 4.5 MPa。原因是聚乙烯醇纤维具有较高的弹性模量,可以增强 MPC 修补砂浆基体的韧性,与旧界面可以更好地搭接在一起,进一步加强了界面之间的黏结作用。

8.2.4　聚乙烯醇纤维掺量对赤泥 MPC 修补砂浆干缩率的影响

图 8-14 为不同聚乙烯醇纤维掺量赤泥 MPC 修补砂浆干缩试件,表 8-4 为不同聚乙烯醇纤维掺量赤泥 MPC 修补砂浆干缩值试验数据,图 8-15 为不同纤维类型赤泥 MPC 修补砂浆干缩率的变化规律,可以看出干缩率随着聚乙烯醇纤维掺量的

图 8-12　不同聚乙烯醇纤维掺量赤泥 MPC 修补砂浆界面弯拉强度试件

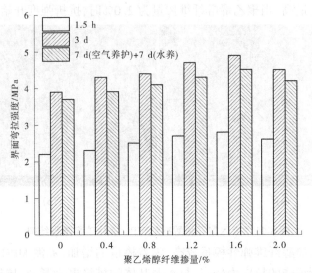

图 8-13　不同聚乙烯醇纤维掺量赤泥 MPC 修补砂浆界面弯拉强度

增加而减小。这说明掺入聚乙烯醇纤维可以改善赤泥 MPC 修补砂浆的干缩情况,其中掺量为 2.0% 时其干缩率最小,为 2.20×10^{-4}。分析原因是聚乙烯醇纤维亲水性良好,可以和 MPC 修补砂浆体系中的水分有效结合在一起,从而防止自由水的流失,降低了干缩率。

图 8-14　不同聚乙烯醇纤维掺量赤泥 MPC 修补砂浆干缩试件

表 8-4　不同聚乙烯醇纤维掺量赤泥 MPC 修补砂浆干缩值试验数据

聚乙烯醇纤维掺量/%	试件编号	千分表测量数值/mm		干缩率/10^{-4}	干缩率平均值/10^{-4}
		初始读数(X_0)	28 d 测量读数(X_{28})		
0	D1	7.065	6.999	2.36	2.43
	D2	7.059	6.992	2.39	
	D3	7.062	6.991	2.54	
0.4	PVA1-1	6.448	6.379	2.46	2.38
	PVA1-2	6.455	6.389	2.36	
	PVA1-3	6.436	6.371	2.32	
0.8	PVA2-1	6.689	6.623	2.36	2.36
	PVA2-2	6.661	6.596	2.32	
	PVA2-3	6.694	6.627 1	2.39	
1.2	PVA3-1	7.021	6.957	2.29	2.31
	PVA3-2	7.046	6.979	2.39	
	PVA3-3	7.078	7.015	2.25	
1.6	PVA4-1	6.832	6.769	2.25	2.25
	PVA4-2	6.856	6.794	2.21	
	PVA4-3	6.827	6.763	2.29	
2.0	PVA5-1	7.231	7.169	2.21	2.20
	PVA5-2	7.254	7.193	2.18	
	PVA5-3	7.259	7.197	2.21	

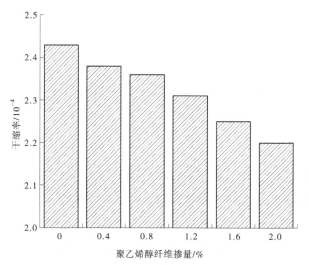

图 8-15　不同聚乙烯醇纤维掺量赤泥 MPC 修补砂浆干缩率

8.3 聚乙烯醇纤维长度对赤泥 MPC 修补砂浆
物理力学性能的影响

为了研究聚乙烯醇纤维不同长度对赤泥 MPC 修补砂浆的影响,选用 6 mm、9 mm 和 12 mm 三种不同长度掺入赤泥 MPC 修补砂浆中,聚乙烯醇纤维掺量 $\varphi = 1.6\%$,赤泥掺量 $w = 15\%$,水胶比为 0.20,砂胶比为 1.0,缓凝剂掺量 $w = 12\%$,表 8-5 为具体配合比。

表 8-5　不同聚乙烯醇纤维长度赤泥 MPC 修补砂浆配合比

编号	聚乙烯醇纤维长度/mm	聚乙烯醇纤维掺量/%	M/P	水胶比	缓凝剂/%	砂胶比
PVA-6	6	1.6	3/1	0.20	12	1.0
PVA-9	9	1.6	3/1	0.20	12	1.0
PVA-12	12	1.6	3/1	0.20	12	1.0

8.3.1 聚乙烯醇纤维长度对赤泥 MPC 修补砂浆凝结时间和流动性的影响

图 8-16 为聚乙烯醇纤维不同长度对赤泥 MPC 修补砂浆凝结时间和流动性的影响,由图 8-16 可知,聚乙烯醇纤维长度对其凝结时间和流动性影响显著,赤泥 MPC 修补砂浆凝结时间随着聚乙烯醇纤维长度的增加大幅缩短,分别为 10.2 min、7.5 min 和 7.0 min。

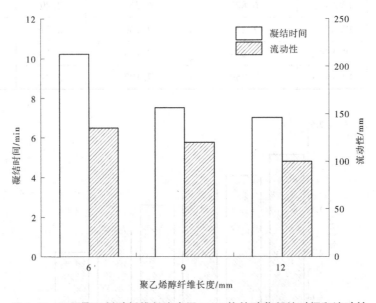

图 8-16　不同聚乙烯醇纤维长度赤泥 MPC 修补砂浆凝结时间和流动性

由图 8-16 可知,赤泥 MPC 修补砂浆流动性也随着聚乙烯醇纤维长度的增加而降低,掺加 6 mm 和 12 mm 聚乙烯醇纤维的赤泥 MPC 修补砂浆流动性分别为 135 mm 和 100

mm,下降了 25.9%。这是因为聚乙烯醇纤维长度较长时容易发生团聚现象,从而影响赤泥 MPC 修补砂浆拌和物的凝结时间和流动性。

8.3.2　聚乙烯醇纤维长度对赤泥 MPC 修补砂浆力学性能的影响

聚乙烯醇纤维长度对赤泥 MPC 修补砂浆抗压强度的影响见图 8-17。由图 8-17 可知:聚乙烯醇纤维长度增加导致赤泥 MPC 修补砂浆抗压强度降低。纤维长度分别为 6 mm、9 mm、12 mm 的试验组 28 d 抗压强度分别为 40.5 MPa、35.1 MPa、31.3 MPa,1.5 h 抗压强度分别为 21.9 MPa、20.3 MPa、18.9 MPa。图 8-18 中不同长度的聚乙烯醇纤维对赤泥 MPC 修补砂浆的抗折强度的影响规律与抗压强度基本一致,6 mm、9 mm、12 mm 长度的 1.5 h 和 28 d 抗折强度分别为 6.9 MPa、5.8 MPa、5.1 MPa 和 10.6 MPa、9.5 MPa、9.1 MPa。

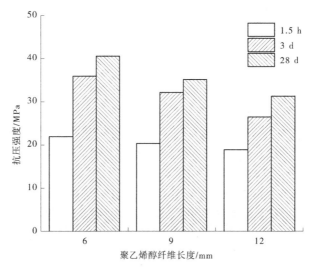

图 8-17　不同聚乙烯醇纤维长度赤泥 MPC 修补砂浆抗压强度

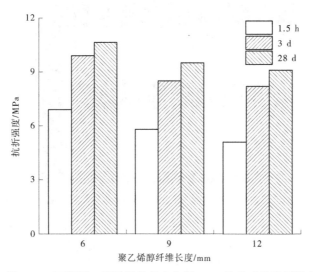

图 8-18　不同聚乙烯醇纤维长度赤泥 MPC 修补砂浆抗折强度

另外,各聚乙烯醇纤维长度的赤泥 MPC 修补砂浆抗压强度和抗折强度随着龄期的延长而提高,尤其早期强度发展速度较为明显,后期强度出现不同程度的上升。长度为 6 mm 的试件 1.5 h 至 3 d 抗压强度的增幅为 63.9%,3 d 至 28 d 增幅为 12.8%;长度为 9 mm 的试件 1.5 h 至 3 d 抗压强度的增幅为 58.1%,3 d 至 28 d 增幅为 9.3%;长度为 12 mm 的试件 1.5 h 至 3 d 抗压强度的增幅为 40.2%,3 d 至 28 d 增幅为 18.1%。长度为 6 mm 的试件 1.5 h 至 3 d 抗折强度的增幅为 43.5%,3 d 至 28 d 增幅为 7.1%;长度为 9 mm 的试件 1.5 h 至 3 d 抗折强度的增幅为 46.6%;3 d 至 28 d 增幅为 11.8%;长度为 12 mm 的试件 1.5 h 至 3 d 抗折强度的增幅为 60.8%,3 d 至 28 d 增幅为 11.0%。

产生这种现象的原因主要是在赤泥 MPC 修补砂浆中掺入适宜长度的聚乙烯醇纤维,可以在基体中起到搭接的桥接作用,而纤维长度超过 9 mm,在制备的过程中则易产生团聚现象,使其分散不均,制备而成的砂浆也具有较多的缺陷,严重影响赤泥 MPC 修补砂浆的力学性能。

8.3.3　聚乙烯醇纤维长度对赤泥 MPC 修补砂浆界面弯拉强度的影响

图 8-19 为不同聚乙烯醇纤维长度赤泥 MPC 修补砂浆界面弯拉强度试件,不同聚乙烯醇纤维长度对赤泥 MPC 修补砂浆的界面弯拉强度影响如图 8-20 所示,掺入长度为 6 mm、9 mm、12 mm 聚乙烯醇纤维的试件 1.5 h 界面弯拉强度分别为 2.8 MPa、2.6 MPa、1.9 MPa。随着养护龄期的延长,赤泥 MPC 修补砂浆的界面弯拉强度有所提高,3 d 龄期的界面弯拉强度分别为 4.9 MPa、4.2 MPa、3.5 MPa。7 d 空气养护后再浸水 7 d 的界面弯拉强度开始下降,分别为 4.5 MPa、4.0 MPa、3.2 MPa,均满足相关规范要求。

图 8-19　不同聚乙烯醇纤维长度赤泥 MPC 修补砂浆界面弯拉强度试件

其中,长度为 6 mm 的聚乙烯醇纤维的砂浆试件强度最佳。这是由于适量的纤维长度可以更好发挥其在硬化体内部的搭接作用,而当纤维长度过长时,不易混合均匀,发生团聚现象,从而不利于其界面黏结性能的发展。

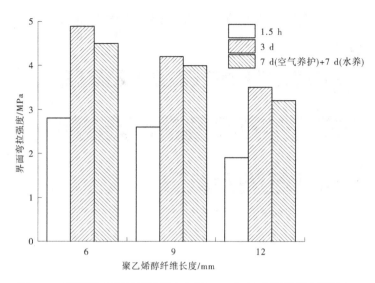

图 8-20　不同聚乙烯醇纤维长度赤泥 MPC 修补砂浆界面弯拉强度

8.3.4　聚乙烯醇纤维长度对赤泥 MPC 修补砂浆干缩率的影响

表 8-6 为不同聚乙烯醇纤维长度赤泥 MPC 修补砂浆干缩值试验数据,图 8-21 为不同聚乙烯醇纤维长度赤泥 MPC 修补砂浆干缩试件,图 8-22 为不同聚乙烯醇纤维长度赤泥 MPC 修补砂浆干缩率的变化规律。

表 8-6　不同聚乙烯醇纤维长度赤泥 MPC 修补砂浆干缩值试验数据

聚乙烯醇纤维长度/mm	试件编号	千分表测量数值/mm		干缩率/10^{-4}	干缩率平均值/10^{-4}
		初始读数(X_0)	28 d 测量读数(X_{28})		
6	PVA4-1	6.832	6.769	2.25	2.25
	PVA4-2	6.856	6.794	2.21	
	PVA4-3	6.827	6.763	2.29	
9	PVA6-1	7.457	7.387	2.50	2.46
	PVA6-2	7.468	7.399	2.46	
	PVA6-3	7.477	7.409	2.43	
12	PVA7-1	7.824	7.752	2.57	2.52
	PVA7-2	7.857	7.786	2.54	
	PVA7-3	7.883	7.814	2.46	

由表 8-6 可知,赤泥 MPC 修补砂浆的干缩率随着聚乙烯醇纤维长度的增加而增大。分析原因是掺入长度过长的聚乙烯醇纤维容易使砂浆体系内部产生团聚现象,影响水化硬化反应的进行,增大了赤泥 MPC 修补砂浆硬化体的孔隙率,从而导致干缩率不断增大。

图 8-21　不同聚乙烯醇纤维长度赤泥 MPC 修补砂浆干缩试件

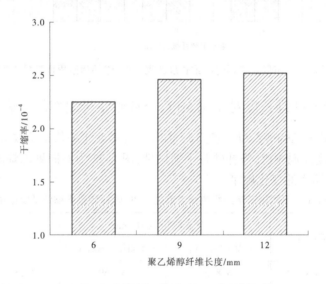

图 8-22　不同聚乙烯醇纤维长度赤泥 MPC 修补砂浆干缩率

8.4　本章小结

（1）通过对比聚乙烯醇纤维、聚丙烯纤维及聚酯纤维三者对赤泥 MPC 修补砂浆各项性能指标的影响，发现聚合物纤维的掺入显著降低了赤泥 MPC 修补砂浆的流动性，提高了抗折强度和界面弯拉性能，降低了砂浆本身的干缩性。其中，聚乙烯醇纤维在改善其性能方面效果最佳，28 d 抗折强度、3 d 界面弯拉强度及干缩率达到了 10.6 MPa、4.9 MPa、$2.25×10^{-4}$。

（2）聚乙烯醇纤维掺量的增加显著降低了赤泥 MPC 修补砂浆的流动性，并对抗压强度有不利的影响，但抗折强度和界面弯拉强度随着聚乙烯醇纤维掺量的增加呈现先上升后下降的趋势。试验结果表明向赤泥 MPC 修补砂浆掺入适量的聚乙烯醇纤维可以改善其抗折强度和界面弯拉强度，同时降低干缩率，并且得出最佳掺量为 1.6%。

（3）随着聚乙烯醇纤维长度的增大，凝结时间和流动性显著下降，当长度为 12 mm

时,新拌砂浆的凝结时间和流动性仅为 7 min、100 mm。这是由于长度过长时,在赤泥 MPC 修补砂浆硬化体内部容易产生团聚现象,降低了工作性。同时,过长的纤维影响水化硬化反应的进行,导致基体孔隙率增加,进而降低了力学性能和界面弯拉强度。

第 9 章　结论与展望

9.1　结　论

本书在研究氧化铝赤泥资源特性的基础上,利用酸式磷酸盐预处理赤泥提高其可溶性钾钠含量、活性指数,并以预处理作为矿物掺合料制备出力学性能与基准 MPC 接近的赤泥 MAPC 和 MKPC,在提高耐水性和 MPC 经济性的同时降低了水化热和水化温度,有效缓解了 MPC 集中放热和水化温升带来的体积稳定性问题。结合 XRD、SEM 和水化反应热力学分析,对比了赤泥 MAPC 和 MKPC 性能的异同,阐明了赤泥对 MPC 的宏观性能的改善机制。

通过研究不同预处理赤泥掺量、水胶比、砂胶比及细骨料种类对 MPC 修补砂浆的凝结时间、流动性、力学性能、耐水性、水化热、毛细吸收系数、毛细孔隙率、28 d 吸水率及干缩率等物理力学性能的影响,采用 SEM、XRD 技术手段对其微观结构进行分析,从而阐述了微观结构变化对宏观性能的影响机制,最终得出制备赤泥 MPC 修补砂浆的最佳配合比,具体参数为:赤泥掺量 $w = 15\%$,水胶比为 0.20,砂胶比为 1.0,细骨料选取石英砂。在此基础上,探讨了聚合物纤维种类、聚乙烯醇纤维掺量及长度变化对赤泥 MPC 工作性、力学性能、界面弯拉性能及干缩率的影响规律。通过上述研究,得出以下结论:

(1)原状赤泥中的成分包括石英、针铁矿、方解石等,赤泥预处理后方解石和针铁矿消失,出现磷酸钠盐和磷酸铝,这是由于在处理过程中原状赤泥溶于水会电离出碱性阴离子和 Na^+,在 PO_4^{3-} 及 HPO_4^{2-} 过量的情况下会生成 NaH_2PO_4,经火焰光度计测得 ADP 赤泥与 PDP 赤泥,处理前后水溶性 Na^+ 分别上升 2.43% 和 2.33%,水溶性 Na^+ 的上升直接对应其活性变化,两种赤泥处理前后活性指数分别增加 0.16 和 0.14。

(2)将预处理赤泥作为矿物掺合料等量取代 MPC 后分别对 MAPC 和 MKPC 宏观性能包括流动性、力学性能、耐水性进行分析,结果表明,赤泥的加入使 MAPC 和 MKPC 流动性呈现下降的趋势,且随着掺量的增加逐渐减小,二者具有统一性;并且随着赤泥的掺入 MAPC 和 MKPC 耐水性均得到改善,分别在 RA-30 和 RK-40 达到最佳。相反,赤泥对 MAPC 和 MKPC 力学性能呈现不同影响,MAPC 中赤泥加入后强度下降,RA-30 的力学性能上升到与 RA-0 相持平;在 MKPC 中,RK-10 强度高于 RK-0,说明赤泥对 MKPC 强度具有增强的作用。

(3)预处理赤泥中存在的磷酸钠盐是一种负溶解热材料,即溶解时大量吸收热量,赤泥的掺入可以在反应早期降低浆体的温度,从而使拌和物离子间反应减缓,延长凝结时间;在 MAPC 中尽管由于赤泥吸附作用吸附了大量硼砂促使反应加快,但是在大赤泥掺量时依然可以做到延缓凝结时间的作用,因此赤泥对 MAPC 和 MKPC 均具有缓凝的作用。

(4)MAPC 的水化热与 MKPC 具有不同之处,因为其离子本身特性引发熔变的作用使得 MAPC 水化热普遍高于 MKPC,测得基准组 MAPC 和 MKPC 水化温度峰值分别为 76.1 ℃ 和 71.3 ℃,且 MKPC 水化温度随着赤泥的加入逐渐下降,MAPC 中由于 RA-10 凝结时间急剧降低导致瞬时放热量增多,因此热量集聚速度较快水化温度峰值最高达到 81.3 ℃,赤泥继续增多凝结时间开始变缓,且可放热物质量的降低导致 MAPC 水化温度逐渐降低。温度的上升伴随着热量的产生,试验测得 MAPC 与 MKPC 各赤泥掺量 100 h 累计热量,并通过热力学方程计算出 MPC 水化放热理论值将二者进行对比,得出结论 MPC 水化累计热量与水泥含量成正比,赤泥掺量越高,其放热量越低,此外由于赤泥中挟带的磷酸钠盐使得体系放热量进一步降低,导致试验数据略低于理论数据。

(5)随着预处理赤泥掺量的增加,赤泥 MPC 修补砂浆的凝结时间增加,流动性降低,力学性能先上升后下降,水化热大幅下降。当预处理赤泥掺量 $w = 15\%$ 时,MPC 修补砂浆凝结时间、流动性均达到相关规范要求,抗压强度、抗折强度及强度保留系数均达到最佳。这是由于预处理赤泥的掺入大幅降低了 MPC 修补砂浆的水化放热量,可有效改善其集中放热问题,显著提高了整体结构的致密度。赤泥 MPC 修补砂浆的凝结时间和流动性随着水胶比的升高均呈线性增长趋势,而力学性能逐渐降低,强度保留率小幅增加后显著下降,且水胶比在 0.20 时达到最佳。MPC 修补砂浆的流动性随着砂胶比的增大而显著降低,其力学性能和耐水性均随着砂胶比的增大呈现先上升后下降的趋势,干缩率则随着砂胶比的增大显著降低。在砂胶比为 1.0 时,各项性能指标达到最佳。相较于灌浆砂和金刚砂,石英砂制备的赤泥 MPC 修补砂浆的凝结时间最长,力学性能、耐水性及干缩性能最佳。

(6)水胶比、砂胶比能显著影响赤泥 MPC 修补砂浆毛细吸水特征,赤泥掺量和骨料种类对其影响较小。随着赤泥掺量的增加,MPC 修补砂浆的毛细孔隙率和毛细吸收系数先减小后增大,适量赤泥的掺入可以改善硬化结构的致密度,从而改善 MPC 修补砂浆的耐水性。

(7)基准 MPC 修补砂浆和 R15 的凝结时间随养护温度的增加而递减,流动性逐级递增;各龄期的抗压强度随养护温度的增加逐渐增大,抗折强度逐渐降低;MPCM 的强度保留率随养护温度的提高整体呈现下降趋势,在养护温度由 0 ℃ 升至 20 ℃ 时,强度保留率略微升高,但幅度不大;各龄期 MPC 修补砂浆的界面弯拉强度随养护温度的增加逐级递减,且 14 d 的界面弯拉强度均低于 3 d 强度;当养护温度为 -20 ℃ 和 0 ℃ 时发生线性收缩,当养护温度为 20 ℃ 和 40 ℃ 时发生线性膨胀。

(8)聚合物纤维的掺入均显著降低赤泥 MPC 修补砂浆的流动性和凝结时间,改善了抗折强度和界面弯拉强度,且有效抑制了干缩,但对抗压强度产生不利的影响。相较于聚丙烯纤维和聚酯纤维,聚乙烯醇纤维自身弹性模量高,在 MPC 修补砂浆受拉力时所承受的拉应力较多,改善效果最为显著。随着聚乙烯醇纤维掺量的增加,赤泥 MPC 修补砂浆的流动性和抗压强度逐步降低,凝结时间、抗折强度和界面弯拉强度均呈先增后降的趋势,干缩率逐渐减小。聚乙烯醇纤维长度过长易产生团聚现象,降低了赤泥 MPC 修补砂浆拌和物的流动性,增大了硬化结构的孔隙率,不利于赤泥 MPC 修补砂浆力学性能的发展。因此,在赤泥 MPC 修补砂浆中掺入聚乙烯醇纤维时需选取合适的掺量和长度。

9.2 展　望

本书对赤泥资源化利用和MPC制备及赤泥复合磷酸镁水泥进行了一定研究。MPC作为一种新型绿色胶凝材料,但由于其起步较晚,目前处于初级阶段,成果差异大,缺乏系统性及相关规范,其技术理论还未形成体系。本书对复合MPC制备过程、水化机制做了初步研究,并结合试验过程中遇到的问题得出有待研究的内容和待解决的问题。对赤泥MPC修补砂浆的制备技术及聚合物纤维增强赤泥MPC修补砂浆物理力学性能做了较为系统的研究,并利用毛细孔隙率、毛细吸收系数和吸水率对赤泥MPC修补砂浆的毛细吸水特性做出了表征,但仍缺乏相关的模型建立及理论说明。作为一种快速修补砂浆,界面黏结性能是实际应用中较为重要的一点,但目前对于新旧黏结试件之间的作用力及是否存在新的水化产物还有待研究。

(1)在研究过程中预处理赤泥加入到MPC后与MPC基体发生的反应及二次水化产物物质种类需要进一步研究。在耐水性试验中发现用于试验的水干涸后出现立方体透明晶体,进一步对晶体进行研究,分析MPC浸水时内部结构变化及水化产物迁移状态,为MPC耐水性研究提供基础。

(2)在研究赤泥MPC修补砂浆毛细孔隙率、毛细吸收系数及吸水率等吸水特性的试验基础上,建立与之相对应的模型,揭示其水分传输的过程和机制,为进一步改善其耐水性奠定基础。

(3)深入分析新旧黏结界面区域黏结特征,利用SEM、XRD和EDS等技术手段分析其微观形貌与矿物组成,阐明新旧界面黏结机制,为进一步提高界面黏结性能的研究提供理论依据。

(4)本书研究的温度范围为-20~40 ℃,但我国极端高温和极端低温可以达到49.6 ℃和-52.3 ℃,因此可以进一步扩大温度范围,对严苛环境下的MPCM的性能展开研究。

参考文献

[1] 郑西伟, 宫常青. 浅谈快速开放交通系统道面修补材料研究和应用[J]. 安徽建筑, 2008, 15(4): 87-89.

[2] Tang Hao, Qian Jueshi, Ji Ziwei, et al. The protective effect of magnesium phosphate cement on steel corrosion[J]. Construction and Building Materials, 2020, 255: 119422.

[3] Qin Jihui, Qian Jueshi, You Chao, et al. Bond behavior and interfacial micro-characteristics of magnesium phosphate cement onto old concrete substrate[J]. Construction and Building Materials, 2018, 167(10): 166-176.

[4] 秦国新, 焦宝祥. 磷酸镁水泥的研究进展[J]. 硅酸盐通报, 2019, 38(4): 1075-1079,1085.

[5] 徐颖, 邓利蓉, 杨进超, 等. 磷酸镁水泥的制备及其快速修补应用研究进展[J]. 材料导报, 2019, 33(S2): 278-282.

[6] 赖兰萍, 周李蕾, 韩磊, 等. 赤泥综合回收与利用现状及进展[J]. 四川有色金属, 2008(1): 43-48.

[7] 方圆, 陈兵. 玻璃纤维对磷酸镁水泥砂浆力学性能的增强作用及机理[J]. 材料导报, 2017, 31(24): 6-9.

[8] 邓恺, 黎红兵, 李响, 等. 不同养护条件下钢渣与粉煤灰改性磷酸镁水泥的性能研究[J]. 材料导报, 2019, 33(S1): 264-268.

[9] 赵晓航. 聚合物改性磷酸镁水泥砂浆性能研究[J]. 山西建筑, 2021, 47(2): 93-96.

[10] 杨全兵, 雷博宇. 粉煤灰对磷酸盐水泥砂浆与混凝土之间粘结性能的影响[J]. 粉煤灰综合利用, 2016(2): 8-10.

[11] 丁铸, 孙晨, 戴梦希. 磷酸盐水泥砂浆作为锚固胶的性能研究[J]. 深圳大学学报(理工版), 2018, 35(2): 132-138.

[12] 孟芹, 廖梓珺, 李云涛. 磷酸镁水泥的研究现状及发展趋势[J]. 硅酸盐通报, 2017, 36(4): 1245-1253.

[13] 高明, 刘宁, 陈兵. 微硅粉改性磷酸镁水泥砂浆试验研究[J]. 建筑材料学报, 2020, 23(1): 29-34.

[14] 吴发红, 杨建明, 崔磊, 等. 钢渣粉和粉煤灰对磷酸钾镁水泥抗盐冻性影响[J]. 建筑材料学报, 2018, 21(6): 877-885.

[15] 刘述仁, 谢刚, 李荣兴, 等. 氧化铝厂废渣赤泥的综合利用[J]. 矿冶, 2015, 24(3): 72-75.

[16] Ma Baoguo, Wang Jingran, Li Xiangguo. Effect of heavy metals and leaching toxicity of magnesium potassium phosphate cement[A]// Trans Tech Publ, 2012: 1080-1083.

[17] 石军兵, 赖振宇, 卢忠远, 等. 铅离子对复合磷酸盐磷酸镁水泥水化硬化特性的影响[J]. 功能材料, 2015, 46(2): 2060-2065.

[18] Sara Naamane, Rais Zakia, Taleb Mustapha. The effectiveness of the incineration of sewage sludge on the evolution of physicochemical and mechanical properties of Portland cement[J]. Construction and Building Materials, 2016, 112: 783-789.

[19] Zheng Dengdeng, Ji Tao, Wang Canqiang, et al. Effect of the combination of fly ash and silica fume on water resistance of Magnesium-Potassium Phosphate Cement[J]. Construction and Building Materials, 2016, 106: 415-421.

[20] Muhammad Waqas, Li Gang, Khan Sardar, et al. Application of sewage sludge and sewage sludge biochar to reduce polycyclic aromatic hydrocarbons (PAH) and potentially toxic elements (PTE) accumulation in tomato[J]. Environmental Science and Pollution Research, 2015, 22: 12114-12123.

[21] 王会新, 戴磊, 张倩倩. 钢铁渣粉改性磷酸镁水泥的研究[J]. 建筑技术, 2017, 48(10): 1042-1044.

[22] 任强, 蒋正武, 马敬畏. 矿物掺和料对磷酸镁水泥基修补砂浆强度的影响[J]. 建筑材料学报, 2016, 19(6): 1062-1067.

[23] Tang W C, Wang Z, Liu Y, et al. Influence of red mud on fresh and hardened properties of self-compacting concrete[J]. Construction and Building Materials, 2018, 178: 288-300.

[24] Pavel K, Oleksandr K, Anton P, et al. Development of alkali activated cements and concrete mixture design with high volumes of red mud[J]. Construction and Building Materials, 2017, 151: 819-826.

[25] Atan E, Sutcu M, Cam A S. Combined effects of bayer process bauxite waste (red mud) and agricultural waste on technological properties of fired clay bricks[J]. Journal of Building Engineering, 2021, 43 (3): 103194.

[26] Sarath Chandra, Krishnaiah S, Kibebe Sahile. Utilization of red mud-fly ash reinforced with cement in road construction applications[J]. Advances in Materials Science and Engineering, 2021, 45: 134798.

[27] 魏红姗, 马小娥, 管学茂, 等. 拜耳法赤泥基轻质保温陶瓷的制备[J]. 硅酸盐通报, 2019, 38 (3): 749-751, 761.

[28] 王庭元, 郝子睿, 姚鑫, 等. 赤泥改良石灰土的应力-应变-电阻率研究[J]. 硅酸盐通报, 2019, 38(5): 1591-1596, 1603.

[29] 陈朝轶, 茆志慧, 吕莹璐. 热处理对高掺量赤泥粉煤灰微晶玻璃性能影响[J]. 新型建筑材料, 2014, 41(8): 75-77, 82.

[30] 朱炳桥, 谢刚, 俞小花, 等. 赤泥的脱碱及钠硅肥化研究[J]. 有色金属工程, 2021, 11(9): 138-144.

[31] 李芳, 郑现菊. 赤泥基建筑保温材料制备研究[J]. 中国有色冶金, 2022, 51(2): 93-98.

[32] Stierli R F, TrarVer C C, Gaidis J M. Magnesium phosphate concrete compositions[P]. US Patent, 3960580, 1976-06-01.

[33] Yang Q, Zhu B, Zhang S, et al. Properties and applications of magnesia-phosphate cement mortar for rapid repair of concrete[J]. Cement and Concrete Research, 2000, 30(11): 1807-1813.

[34] 俞家欢, 白晓彤. 磷酸镁水泥基混凝土立面修补剂试验[J]. 沈阳建筑大学学报(自然科学版), 2019, 35(2): 331-338.

[35] 王景然, 马保国, 李相国, 等. 磷酸镁水泥固化 Pb^{2+}、Zn^{2+}、Cu^{2+} 及其水化产物研究[J]. 功能材料, 2014, 45(5): 5060-5064.

[36] Zhang Y J, Wang S, Li L P, et al. A preliminary study of the properties of potassium phosphate magnesium cement-based grouts admixed with metakaolin, sodium silicate and bentonite [J]. Construction and Building Materials, 2020, 262: 119893.

[37] Sugama T, Kukacka L E. Magnesium monophosphate cements derived from diammonium phosphate solutions[J]. Cement and Concrete Research, 1983, 13(3): 407-416.

[38] Abdelrazig B E I, Sharp J H, El-Jazairi B. The microstructure and mechanical properties of mortars made from magnesia-phosphate cement[J]. Cement and Concrete Research, 1989, 19(2): 247-258.

[39] Wagh, Arun, Dileep Singh, et al. Chemically bonded phosphate ceramics for stabilization and solidification of mixed waste [J]. hazardous and radioactive waste treatment technologies handbook,

2001, 4(2)：127-139.

[40] 曹巨辉，汪宏涛，薛明. 磷酸镁水泥砂浆强度影响因素研究[J]. 建筑技术开发，2010, 37(5)：19-20.

[41] 周启兆，焦宝祥，丁胜，等. 磷酸盐水泥基普通混凝土路面修补剂的研究[J]. 新型建筑材料，2011, 38(2)：25-28.

[42] 田正宏，高林冬，卜静武，等. 掺人工砂对磷酸钾镁水泥砂浆性能的影响[J]. 水电能源科学，2014, 32(10)：105-108.

[43] 冯哲，虎东霞，赵龙. 磷酸盐水泥砂浆修复剂的制备与性能研究[J]. 路基工程，2019, 203(2)：96-98.

[44] Wagh A S. Chemically bonded phosphate cement ceramis[M]. Oxford：Elsevier Science Ltd, 2004.

[45] 常远，史才军，杨楠，等. 不同细度 MgO 对磷酸钾镁水泥性能的影响[J]. 硅酸盐学报，2013, 41(4)：492-499.

[46] 张爱莲，张林春，俞金艳，等. 磷酸镁水泥基材料力学性能研究[J]. 硅酸盐通报，2020, 39(2)：422-427.

[47] Hall D A, Stevens R, El-Jazairi B. The effect of retarders on the microstructure and mechanical properties of magnesia-phosphate cement mortar[J]. Cement and Concrete Research, 2001, 31(3)：455-465.

[48] 蔡胜华，唐丽芳. 聚合物水泥砂浆在混凝土修补中的应用研究[J]. 长江科学院院报，2007, 24(1)：44-46.

[49] 潘正凯，张军. 三种乳液对聚合物水泥防水砂浆力学及抗渗性能的影响[J]. 中国建筑防水，2015, 320(12)：7-9.

[50] 梁秋爽. 环氧树脂改性碱矿渣水泥砂浆路用修补性能研究[J]. 邵阳学院学报（自然科学版），2021, 18(4)：34-40.

[51] 温金保，唐修生，黄国泓，等. 磷酸镁水泥快速修补材料的性能试验[J]. 水利水电科技进展，2017, 37(2)：82-87.

[52] 肖卫. 磷酸镁水泥机场快速修补材料的物理力学性能和耐久性[D]. 南京：南京航空航天大学，2015.

[53] 范英儒，秦继辉，汪宏涛，等. 磷酸盐对磷酸镁水泥粘结性能的影响[J]. 硅酸盐学报，2016, 44(2)：218-225.

[54] 毛敏，王智，贾兴文. 磷酸镁水泥耐水性能改善的研究[J]. 非金属矿，2012, 35(6)：1-3.

[55] Mathieu Le Rouzic, Chaussadent Thierry, Stefan Lavinia, et al. On the influence of Mg/P ratio on the properties and durability of magnesium potassium phosphate cement pastes[J]. Cement and Concrete Research, 2017, 96：27-41.

[56] 赵晓聪. 磷酸镁水泥砂浆与纤维粘结及其水稳定性试验研究[D]. 郑州：郑州大学，2019.

[57] 任常在. 固废基硫铝酸盐－磷酸钾镁复合胶凝材料的制备及应用试验研究[D]. 济南：山东大学，2019.

[58] 马金松. 改性磷酸镁水泥耐酸性的研究[D]. 沈阳：沈阳建筑大学，2018.

[59] 杨建明，钱春香，周启兆，等. 水玻璃对磷酸钾镁水泥性能的影响[J]. 建筑材料学报，2011, 14(2)：227-233.

[60] 孙春景，林旭健，季韬. 磷镁比、水灰比、硼砂掺量对磷酸钾镁水泥耐水性的影响[J]. 福州大学学报（自然科学版），2016, 44(6)：856-862.

[61] 姜自超，丁建华，张时豪，等. 磷酸镁水泥耐水性研究进展[J]. 当代化工，2016, 45(12)：

2872-2875.

[62] 苑兆瑜,马旺坤,付文静,等. 侵蚀环境下磷酸镁基快速修补材料的力学性能研究[J]. 混凝土世界,2020,135(9):73-79.

[63] 齐召庆,汪宏涛,丁建华,等. MgO 细度对磷酸镁水泥性能的影响[J]. 后勤工程学院学报,2014,30(6):50-54.

[64] 段新勇. 磷酸镁水泥基快速屏蔽材料的制备及其性能研究[D]. 绵阳:西南科技大学,2015.

[65] 胡华洁,杜骁,陈兵. 原料配比参数对磷酸镁水泥性能的影响[J]. 四川建筑科学研究,2015,41(4):73-78.

[66] Ding Zhu, Li Zongjin. Effect of aggregates and water contents on the properties of magnesium phospho-silicate cement[J]. Cement and Concrete Composites, 2005, 27(1):11-18.

[67] 沈世豪. 低温养护条件下高延性磷酸镁水泥基复合材料弯曲性能试验研究[D]. 郑州:郑州大学,2020.

[68] 马锋玲,王刚,徐耀,等. 磷酸镁水泥砂浆性能试验研究[J]. 水利规划与设计,2020,202(8):62-67.

[69] 高瑞. 改性磷酸镁水泥基材料的性能研究[D]. 西安:西安建筑科技大学,2014.

[70] 汪宏涛,钱觉时,曹巨辉,等. 粉煤灰对磷酸盐水泥基修补材料性能的影响[J]. 新型建筑材料,2005(12):41-43.

[71] Tan Yongshan, Yu Hongfa, Li Ying, et al. The effect of slag on the properties of magnesium potassium phosphate cement[J]. Construction and Building Materials, 2016, 126:313-320.

[72] 石亚文,陈兵. 偏高岭土改性磷酸镁水泥[J]. 硅酸盐学报,2018,46(8):1111-1116.

[73] Chong Linlin, Shi Caijun, Yang Jianming, et al. Effect of limestone powder on the water stability of magnesium phosphate cement-based materials[J]. Construction and Building Materials, 2017, 148:590-598.

[74] Daniel-Véras Ribeiro, Morelli Marcio-Raymundo. Influence of the addition of grinding dust to a magnesium phosphate cement matrix[J]. Construction and Building Materials, 2009, 23(9):3094-3102.

[75] 林玮,孙伟,李宗津. 磷酸镁水泥中的粉煤灰效应研究[J]. 建筑材料学报,2010,13(6):716-721.

[76] Xu Biwan, Ma Hongyan, Shao Hongyu, et al. Influence of fly ash on compressive strength and micro-characteristics of magnesium potassium phosphate cement mortars[J]. Cement and Concrete Research, 2017, 99:86-94.

[77] Mo Liwu, Lv Liming, Deng Min, et al. Influence of fly ash and metakaolin on the microstructure and compressive strength of magnesium potassium phosphate cement paste[J]. Cement and Concrete Research, 2018, 111:116-129.

[78] Laura J Gardner, Bernal Susan A, Walling Samuel A, et al. Characterisation of magnesium potassium phosphate cements blended with fly ash and ground granulated blast furnace slag[J]. Cement and Concrete Research, 2015, 74:78-87.

[79] 丁耀堃,王哲,许四法,等. 矿渣对磷酸镁水泥耐水性能的影响[J]. 科技通报,2016,32(10):76-81.

[80] 曾翠云,万德刚,董峰亮,等. 粉煤灰改性磷酸镁水泥耐久性能的试验研究[J]. 粉煤灰综合利用,2017,163(3):27-30.

[81] Wang Qi, Yu Changjuan, Yang Jianming, et al. Influence of nickel slag powders on properties of magnesium potassium phosphate cement paste[J]. Construction and Building Materials, 2019, 205:

668-678.

[82] Liu Yuantao, Qin Zhaohui, Chen Bing. Experimental research on magnesium phosphate cements modified by red mud[J]. Construction and Building Materials, 2020, 231: 131-143.

[83] 田海涛, 吴佳育, 关博文. 粉煤灰对磷酸镁水泥早期性能的影响[J]. 硅酸盐通报, 2019, 38(6): 1812-1817.

[84] 傅新雨, 杨建明, 单春明, 等. 偏高岭土和粉煤灰对MKPC浆体与混凝土粘结性能的影响[J]. 硅酸盐通报, 2019, 38(7): 2242-2249.

[85] Sun Sihui, Liu Runqing, Zhao Xingke, et al. Investigation on the water resistance of the fly-ash modified magnesium phosphate cement[A]//IOP Publishing, 2019: 12007.

[86] 汤云杰, 单春明, 顾华健, 等. 矿物掺合料对自流平磷酸钾镁水泥砂浆性能的影响[J]. 材料科学与工程学报, 2021, 39(4): 666-672.

[87] Qin Zhaohui, Zhou Shengbo, Ma Cong, et al. Roles of metakaolin in magnesium phosphate cement: Effect of the replacement ratio of magnesia by metakaolin with different particle sizes[J]. Construction and Building Materials, 2019, 227: 116675. 1-116675. 10.

[88] Gao Ming, Chen Bing, Lang Lei, et al. Influence of Silica Fume on Mechanical Properties and Water Resistance of Magnesium-A mmonium Phosphate Cement[J]. Journal of Materials in Civil Engineering, 2020, 32(3): 04019368. 1-04019368. 11.

[89] Yu Jiang, Ahmad Muha mmad-Riaz, Chen Bing. Properties of magnesium phosphate cement containing steel slag powder[J]. Construction and building materials, 2019, 195: 140-147.

[90] 全万亮. 矿物掺合料与硅酸盐水泥改性磷酸镁水泥的性能研究[D]. 西安: 西安建筑科技大学, 2016.

[91] 赵思飀, 晏华, 汪宏涛, 等. 粉煤灰掺量对磷酸钾镁水泥水化动力学的影响[J]. 材料研究学报, 2017, 31(11): 839-846.

[92] Lu X, Chen B. Experimental study of magnesium phosphate cements modified by metakaolin[J]. Construction and Building Materials, 2016, 123: 719-726.

[93] 黄义雄. 磷酸镁水泥的粉煤灰改性与修补性能研究[D]. 重庆: 重庆大学, 2011.

[94] 吕子龙. 矿物掺合料对磷酸镁水泥性能的影响研究[D]. 西安: 长安大学, 2018.

[95] Xu X Y, Lin X J, Pan X X, et al. Influence of silica fume on the setting time and mechanical properties of a new magnesium phosphate cement[J]. Construction and Building Materials, 2020, 235: 117544.

[96] Zhang J, Li S C, Li Z F, et al. Properties of red mud blended with magnesium phosphate cement paste: Feasibility of grouting material preparation[J]. Construction and Building Materials 2020, 260: 119704.

[97] 张晨霞. 烧结赤泥对磷酸镁水泥力学性能的影响及重金属固化效果研究[J]. 新型建筑材料, 2019, 46(5): 50-53.

[98] 刘明杰. 超快硬混凝土修复王在抢修工程中的应用[J]. 科技创新与生产力, 2011, 214(11): 97-98.

[99] 汪宏涛, 钱觉时, 曹巨辉, 等. 钢纤维增强磷酸镁水泥砂浆的性能与应用[J]. 建筑技术, 2006, 37(6): 462-464.

[100] 秦继辉. 超高强磷酸镁水泥基复合材料制备与力学行为研究[D]. 重庆: 重庆大学, 2019.

[101] 杨楠. 磷酸镁水泥基材料粘结性能研究[D]. 长沙: 湖南大学, 2014.

[102] Feng Hu, Sheikh M Neaz, Hadi Muhammad N S, et al. Mechanical properties of micro-steel fibre reinforced magnesium potassium phosphate cement composite[J]. Construction and Building Materials, 2018, 185: 423-435.

[103] 苏柳铭. 磷酸镁水泥纤维改性及其路面修补应用研究[D]. 重庆:重庆大学, 2012.

[104] Li Jun, Ji Yongsheng, Cheng Jin, et al. Improvement and mechanism of the mechanical properties of magnesium ammonium phosphate cement with Chopped fibers[J]. Construction and Building Materials, 2020, 243: 118262.

[105] 姜自超, 齐召庆. 纤维对磷酸镁水泥性能的影响试验研究[J]. 当代化工, 2017, 46(2): 215-218.

[106] 雒亚莉. 新型早强磷酸镁水泥的试验研究和工程应用[D]. 上海:上海交通大学, 2010.

[107] 俞家欢, 熊攀辉, 汲野, 等. 聚丙烯纤维掺量对磷酸镁水泥混凝土性能影响[J]. 沈阳建筑大学学报(自然科学版), 2017, 33(2): 266-274.

[108] 林挺伟. 纤维增强磷酸钾镁水泥砂浆力学性能研究[J]. 福州大学学报(自然科学版), 2017, 45(4): 528-534.

[109] 杨正宏, 刘思佳, 吴凯, 等. 纤维增强磷酸镁水泥基复合材料研究进展[J]. 材料导报, 2023, 37(1): 118-124.

[110] 司端科. 合成纤维分散性对磷酸盐水泥韧性的影响[D]. 重庆:重庆大学, 2018.

[111] 孙晨, 丁铸. PVA纤维改性磷酸盐水泥材料的研究[J]. 混凝土与水泥制品, 2016, 248(12): 44-47.

[112] 盖蔚, 刘昌胜, 王晓芝. 复合添加剂对磷酸镁骨粘结剂性能的影响[J]. 华东理工大学学报, 2002, 28(4): 393-396.

[113] 孙婧, 王宏, 兰建伟, 等. 添加剂对磷酸镁水泥抗水性能影响的机理分析[J]. 河北建筑工程学院学报, 2019, 37(4): 20-25.

[114] 廖建国, 段星泽, 李艳群, 等. 壳聚糖对磷酸镁水泥抗水性能影响[J]. 功能材料, 2015, 46(20): 20028-20033.

[115] 王平. 严寒环境下磷酸镁水泥的反应进程与力学性能调控[D]. 重庆:重庆大学, 2020.

[116] 韩建博. 磷酸盐快补材料的耐水性试验研究[D]. 沈阳:沈阳建筑大学, 2016.

[117] 徐选臣, 杨建明, 谷明轩, 等. 海水浸泡养护对磷酸钾镁水泥浆体微观结构和性能的影响[J]. 建筑材料学报, 2017, 20(5): 673-679.

[118] Lv Liming, Huang Piao, Mo Liwu, et al. Properties of magnesium potassium phosphate cement pastes exposed to water curing: A comparison study on the influences of fly ash and metakaolin[J]. Construction and Building Materials, 2019, 203: 589-600.

[119] 裴荔樵. 负温条件下双组份MPC快速修补材料的制备研究[D]. 沈阳:沈阳建筑大学, 2018.

[120] 陶琦, 王岩. 负温下磷酸镁水泥混凝土的力学性能与抗冻性能[J]. 冰川冻土, 2018, 40(6): 1181-1186.

[121] 王庆珍, 钱觉时, 秦继辉, 等. 环境温度对磷酸镁水泥凝结时间和强度发展的影响[J]. 硅酸盐学报, 2013, 41(11): 1493-1498.

[122] 伊海赫, 张毅, 陆建兵, 等. 低温条件下磷酸镁水泥的失效研究[J]. 硅酸盐通报, 2014, 33(1): 197-201.

[123] Bourdot A, Moussa T, Gacoin A, et al. Characterization of a hemp-based agro-material: influence of starch ratio and hemp shive size on physical, mechanical, and hygrothermal properties[J]. Energy and Buildings, 2017, 153(10): 501-512.

[124] Ashour T, Georg H, Wu W. Performance of straw bale wall: a case of study[J]. Energy and Buildings, 2011, 43(8): 1960-1967.

[125] Gonzalez A D. Energy and carbon embodied in straw and clay wall blocks produced locally in the

Andean Patagonia［J］. Energy and Buildings, 2014, 70(2)：15-22.

［126］ Laborel Preneron A, Chimenos J M, Valle-Zermeno R D, et al. Preliminary study of the mechanical and hygrothermal properties of hemp-magnesium phosphate cements［J］. Construction and Building Materials, 2016, 105(2)：62-68.

［127］ Fan S J, Chang Z, Chen B. Experimental study on properties of magnesium phosphate cement based composites modified by rice husk fiber［J］. Journal of Hebei University of Technology, 2015, 44(4)：115-118.

［128］ Huang Y B, Wang R Z, Yu F, et al. Modification of magnesium phosphate cement by polymers［J］. Journal of Hunan University(Natural Sciences), 2014(7)：56-63.

［129］ Huang Y B, Wang R Z, Zhou J J, et al. Effects of EVA emulsion addition on magnesium phosphate cement performances［J］. Journal of Functional Materials, 2014(11)：11071-11075, 11080.

［130］ Chen B, Wu Z, Wu X P. Experimental research on the properties of modified MPC［J］. Journal of Wuhan University of Technology, 2011, 33(4)：29-34.

［131］ 刘军, 刘畅, 刘润清, 等. 玻璃纤维增强磷酸镁水泥的力学性能［J］. 材料科学与工程学报, 2020, 38(6)：1026-1031.

［132］ ASTM-Standard C. Standard test method for density, absorption, and voids in hardened concrete：ASTM C462-13［S］. ASTM Int, 2013.

［133］ ASTM-Standard C. Standard test method for measurement of rate of absorption of water by hydraulic-cement concretes：ASTM C1585-13［S］. ASTM Int, 2013.

［134］ Matthew Hall, Youcef Djerbib. Moistwre ingress in rammed earth：Part3-Sorptivity, surface receptiveness and surface inflow velovity［J］. Construlion and Building Matenals, 2006, 20：384-395.

［135］ Sudip Debnath, Saha Apu-Kumar, Mazumder B-S, et al. Hydrodynamic dispersion of reactive solute in a Hagen-Poiseuille flow of a layered liquid［J］. Chinese journal of chemical engineering, 2017, 25(7)：862-873.

［136］ 黄迎超, 王宁, 万军, 等. 赤泥综合利用及其放射性调控技术初探［J］. 矿物岩石地球化学通报, 2009, 28(2)：128-130.

［137］ 王帅旗. 低放射性氧化铝赤泥地聚物制备机制研究［D］. 郑州：中原工学院, 2019.

［138］ Liu Zhaobo, Li Hongxu, Huang Mengmeng, et al. Effects of cooling method on removal of sodium from active roasting red mud based on water leaching［J］. hydrometallurgy, 2017, 167：92-100.

［139］ 陈红亮, 汪婷, 柯杨, 等. 赤泥中钠铁酸法浸出的工艺条件和机理探讨［J］. 无机盐工业, 2016, 48(1)：44-48.

［140］ Huang K, Li Y F, Jiao S Q, et al. Adsorptive removal of methylene blue dye wastewater from aqueous solution using citric acid activated red mud［J］. Zhongguo Youse Jinshu Xuebao/Chinese Journal of Nonferrous Metals, 2011, 21(12)：3182-3188.

［141］ 孙道胜, 孙鹏, 王爱国, 等. 磷酸镁水泥的研究与发展前景［J］. 材料导报, 2013, 27(9)：70-75.

［142］ 李春梅, 王培铭, 王安, 等. 掺合料对磷酸镁水泥的性能影响及机理研究［J］. 混凝土, 2015(1)：115-117, 125.

［143］ 李悦, 苏迎秋, 梅期威, 等. 磷酸镁水泥(MPC)及其作为 FRP 粘结剂的研究进展［J］. 硅酸盐通报, 2019, 38(3)：659-663, 672.

［144］ 汪宏涛. 高性能磷酸镁水泥基材料研究［D］. 重庆：重庆大学, 2006.

［145］ 段新勇, 吕淑珍, 赖振宇, 等. 磷酸二氢钾粒度对磷酸钾镁水泥性能影响［J］. 功能材料, 2015, 46(7)：7062-7066, 7071.

[146] 吴庆, 许奇, 杨建明, 等. 铝硅质矿物掺合料对磷酸钾镁水泥砂浆物理力学性能的影响[J]. 新型建筑材料, 2019, 46(11): 122-126.

[147] 温婧, 吴发红, 杨建明, 等. 硅灰和 TiO_2 对磷酸钾镁水泥基钢结构防火涂料性能的影响[J]. 硅酸盐通报, 2020, 39(11): 3701-3708.

[148] 王绍瀚. 赤泥粉煤灰仿玄武岩的高温熔融性能及析晶特性研究[D]. 贵州: 贵州大学, 2020.

[149] Lei Wang, Iris K M Yu, Daniel C W, et al. Transforming wood waste into water-resistant magnesia-phosphate cement particleboard modified by alumina and red mud[J]. Journal of cheaner production, 2017, 168: 452-462.

[150] Liu N, Chen B. Experimental research on magnesium phosphate cements containing alumina[J]. Construction and Building Materials, 2016, 121: 354-360.

[151] Grafe M, Power G, Klabuer C. Bauxite residue issues: Ⅲ. Alkalinity and associated chemistry [J]. hydrometallurgy, 2011, 108: 60-79.

[152] Kong X F, Tian T, Xue S G, et al. Development of alkaline electrochemical characteristics demonstrates soil formation in bauxite residue undergoing natural rehabilitation [J]. Land Degradation & Development, 2018, 29: 58-67.

[153] 吴发红, 盛东, 杨建明, 等. 掺 $Na_2HPO_4 \cdot 12H_2O$ 的磷酸铵镁水泥净浆性能研究[J]. 新型建筑材料, 2019, 46(2): 10-14, 18.

[154] 李九苏, 王宇文, 张文勃. 磷酸镁水泥混凝土耐久性试验研究[J]. 硅酸盐通报, 2014, 33(10): 2666-2671.

[155] Han W W, Chenh S, Li X Y, et al. Thermodynamic modeling of magnesium a mmonium phosphate cement and stability of its hydration products [J]. Cement and Concrete Research, 2020, 138: 233-152.

[156] 汪宏涛, 丁建华, 张时豪, 等. 磷酸镁水泥水化热的影响因素研究[J]. 功能材料, 2015, 46(22): 22098-22102.

[157] Xu B W, Ma H Y, Shao H Y, et al. Influence of fly ash on compressive strength and micro characteristics of magnesium potassium phosphate cement mortars[J]. Cement and Concrete Research, 2017, 99: 86-94.

[158] 李忠育. 赤泥磷酸镁水泥制备及其物理力学性能研究[D]. 郑州: 中原工学院, 2022.

[159] Fan Shijian, Chen Bing. Experimental research of water stability of magnesium alumina phosphate cements mortar[J]. Construction and Building Materials, 2015, 94: 164-171.